U0169212

重构地球

AI FOR FEW FOOD ENERGY & WATER

［美］网大为（David Wallerstein） 著

中国人民大学出版社
·北 京·

序　科技向善：AI 助力更好的生活

中国工程院院士、水文学及水资源学家——王浩

技术日新月异，人类的生活方式正在快速转变，这一切给人类历史带来了一系列不可思议的奇点。我们曾经熟悉的一切，都开始变得陌生。

——约翰·冯·诺依曼

人工智能（AI）被普遍认为是开启第四次工业革命大门的钥匙。每一次工业革命都意味着社会生产力的巨大变革，在继蒸汽技术革命（第一次工业革命）、电力技术革命（第二次工业革命）、计算机及信息技术革命（第三次工业革命）后，第四次工业革命必然将再一次广泛而深远地影响人类的生产和生活方式，这种影响甚至是颠覆性的。当前，人工智能技术已呈现出井喷式发展态势，在不知不觉中已经渗透到人类生活的方方面面，人脸识别、图像识别、自然语言处理、自动驾驶等每一项生活方式都离不开人工智能技术的支持。当然，人工智能技术

不仅能提高人们的生活质量，而且对于人类共同面对的现实难题也在持续发力。

食物、能源和水是人类赖以生存与发展的基础，在庞大的人口压力下，食物危机、能源危机和水危机不断冲击人类共同拥有的美好家园。联合国发布的《世界人口展望（2019年）》预测，到2030年世界人口将达到85亿，2050年将达到97亿，2100年将达到109亿。面对即将到来的百亿人口，人类真的准备好了吗？联合国粮食及农业组织发布的《2019年全球粮食危机报告》显示，2018年全球仍有53个国家和地区的大约1.13亿人处于严重饥饿状态。联合国发布的《2019年世界水资源发展报告》预测，到2050年，全球至少有20亿人生活在水资源严重短缺的国家。同时，过度开发利用化石能源导致的气候变化正在威胁地球，发展清洁能源、拯救人类共同家园已经成为全球共识。传统的技术能否有效地应对即将到来的挑战？实现人类可持续发展的路径又在哪里？

腾讯首席探索官网大为（David Wallerstein）以全新的理念面对全球危机，深入讨论AI技术在解决食物、能源、水三大问题上的前景及路径，撰写了《重构地球：AI FOR FEW》一书。该书吸收了北京师范大学、国家发展改革委能源研究所能源经济与发展战略研究中心、中国水利水电科学研究院、中国农业科学院等专业研究机构一线专家的前沿思想，以及腾讯 AI Lab 团队提供的大量数据资料，是该领域研究的开山之作。书中既有丰富的案例资料，也有深刻的讨论思考，并且语言通俗易懂，故事生动有趣，为大众认识"蓝色星球"下人类共同面临的危机、了解"科技向善"下人类未来生存问题的解决之道提供了难得的"精神食粮"。

人工智能技术目前在食物、能源、水领域的应用才刚刚开始，但它具有无限的潜力和广阔的发展前景。食物、能源、水的可持续问题是人类共同面对的终极挑战，而 AI 技术在各个领域取得的巨大成功，让它成为我们面对这些挑战的一个强有力的武器。就了解人类面临的挑战、掌握最新科技发展成果、与前沿专家进行思想碰撞而言，本书的确是一本不可多得的优秀读物。

目　录

1

地球级挑战：
2050 年 100 亿人口

七个要素：人类的基本需求一直没变

随着新技术的不断涌现，人类似乎在快速进化，技术也在努力跟上我们进化的步伐。但事实并非如此。人类的基本需求一直没变。在过去的几千年里，甚至是工业革命之后，从生物学意义上看，几乎没有证据表明人类的基因发生了显著进化。因此，绘制人类的生存需求图并不复杂。

如今，我们要解决的是不断增长的人口带来的不断增长的需求和资源有限这一事实之间的矛盾。实际上，现代世界中我们认为每天必不可少的许多事物，从人类生存的角度来看，都不是必需品。如果我们把目光放在人类纯粹的生存需求上，必需的事物完全可以被缩小到几个简单的类别上。我认为以下几类是最重要和最基本的：

1. 食物（Food），

2. 能源（Energy），

3. 水（Water），

以上三类也就是 FEW；

4. 安全和保障（Safety & Security），

5. 健康（Health）：最大限度地保持身体健康并充分发挥潜能，

6. 环境（Environment）：清洁的空气、土地、海洋和生态，

7. 栖身之所（Shelter），

总的来说就是 FEW-SHES。

我在其他地方写过一些文章并讨论过 FEW，此处我将"FEW"的概念扩展为更广泛的"FEW-SHES"。在以上七个人类生存的必要因素中，任何一个因素的稳定性遭到破坏，都将导致人类的灾难。拿排在第四位的安全和保障（Safety & Security）来说：如果你怀疑自己会受到他人的攻击，你会准备自卫，接着冲突可能升级，带来严重的后果。如果第一个生存要素——食物——出现短缺，你会惨遭饥饿和营养不良——而根据 2018 年《世界粮食安全和营养状况报告》，世界上饥饿人口的数量正在增加，到 2017 年达到 8.21 亿人，也就是说每 9 个人中就有一个人处于饥饿状态。这样的例子不胜枚举。

2019 年联合国发布的《世界人口展望》报告，预计未来 30 年将增加近 20 亿人口，到 21 世纪末，世界人口将达到约 110 亿。到那时，我们如何以一种弹性的、可持续的方式，建立一种新的生产与消费架构，为地球上的所有人提供生命存在和发展所需的七个要素。说得更严重一点，我们必须马上行动，只有我们正确地完成转型，才能解决人类未来的基本需求。

地球困境一：认知的错位与滞后来自"看不见"的危机

我们生活在一个激动人心、充满挑战的时代。信息从世界各个角落飞速涌向我们的电子设备。各种想法、构思和突发的事件、活动，都在以光速刷屏。网络视频、游戏、动漫，以及各种新鲜的娱乐体验在吸引我们的注意力。技术时代带来的机遇和刺激与我们日常生活中的平凡责任——工作、照顾家庭、赚钱满足生活需要——并行不悖。

我们在满足日常需求和享受娱乐之外，几乎无暇思考发生在我们周围的、更高层次的全球挑战和问题。

我们时常遗忘：自然的、宇宙的力量正围绕着我们不断进化，同时也被人类的日常行为改变和塑造。

对占比逐年增大的城市居民来说，自然世界有时显得有些遥远。只有在风暴袭击城市（见图 0-1）、空气质量变差、海平面上升、可用水减少的时候（开普敦、墨西哥城、珀斯和世界的一些其他地方，近些年来就遭遇了这些情况），城市居民才会强烈感受到他们与自然的紧密联系。

对于我们中的许多人来说，无论我们生活在哪里，现代生活都已经抢占了我们所有的注意力，让我们无法意识到人类真

图 0-1 被强风暴袭击的城市

正的责任和追求，我们与自然的直接联系被淡忘了。自从工业革命带来了现代化，人类的生活质量就得到了不同程度的改善。但不幸的是，与此同时，威胁现代化的强大趋势也在地球上出现了。尽管我们可能已经为此构思了很多主意和方案，但地球生态还是在发生根本性变化，比如气候变化、水资源压力以及经济活动中普遍存在的污染行为等，都需要我们所有人给予更多关注。

很多人都听说过"气候变化"或"污染"这样的术语，但并不真正理解其确切含义。俗话说，"眼见为实"。有些人不相信真的有温室气体存在，是因为他们看不到。

从燃煤发电厂到飞机和汽车，从化肥到现代塑料，当前地

5

球实际架构下的许多解决方案都存在以下问题：

● 从来没有为适用全球数十亿人的巨大人口规模而设计。

● 从来没有模拟过这些解决方案将会产生什么样的生态影响。

● 对全球规模的负面生态效应认识不足。

● 方案的创始人和初始支持者们可能从未想到其解决方案会如此成功。

对于上面这些问题，技术人员一定能够理解。以互联网为例，在早期，互联网企业家们认为互联网可以进化成意义非凡、无处不在的网络，但当时人们没有把握，因为在那个年代，互联网成为我们日常生活的重心还是一个遥不可及的梦。当初我们想让新用户享受互联网体验，万万没想到它会发展至上亿人的用户规模。后来的几年，互联网经济快速增长，满足市场需求成为当务之急。在这个过程中，要准确地模拟所有的市场影响、技术成长的阵痛和机遇，以及设想好扩展新业务时需要处理的所有问题是不可能的。为了生存，企业家必须具备构建团队以对问题做出快速响应的能力，让团队能够处理未知但必然发生的风险。作为正处在快速发展通道中的企业的创办者和经营者，企业家必须假设每天都会有新的挑战出现。千里之堤，溃于蚁穴。我们需要在小问题恶化之前进行识别和处理，避免出现如电影《后天》《2012》所预演的灾难。

试想一下，如果塑料行业关注现代互联网行业的动态，采用相关的产品开发和市场反应方法来实现其基本使命，即"保持产品新鲜、干净、容易运输，易分割成单元，并帮助客户理解产品，完成客户的核心业务"，同时也对挑战和问题进行追寻和预测，它们应该在很久以前就能够引入新型的塑料替代品，找到一种避免使用有毒化学品和化石燃料、不会产生微塑料污染（见图 0-2）的替代方案。

图 0-2　被塑料垃圾污染的河流

塑料当初被引入时，看起来似乎并不是什么大的威胁。当规模不大时，现代塑料似乎是一个不错的解决方案，但其现在却在全球范围内成了生态游戏规则的改变者，影响了全球商业。和塑料的发展一样，我们当前面临的许多全球性挑战都涉及一种技术、一种解决方案或一种体系结构的引入。它们最初在小范围内解决了某个重要问题，然而，在大规模的全球范围内，它们实际上开始毒害地球。

更进一步的挑战是，我们首先需要运用科学重新判断现有实践或方案存在的问题，进而达成科学议程上的全球共识，承认存在有害效应和重大风险，然后促使公众和政治家采取行动。在社会踌躇不决时，次优架构带来的污染或风险还在继续对全球生态造成威胁。但决定下一步行动可能需要经过几十年，在这段自我反省的时间里，人类面临的压力和风险也在不断增加。

地球困境二：气候变化带来的复杂性

目前，地球上每天都有将近 76 亿人从事着各种各样的活动，我们该如何改变和提升以至建立一个有弹性的架构呢？我们如何为所有人提供"FEW-SHES"[食物（Food）、能源（Energy）、水（Water）、安全和保障（Safety & Security）、健康（Health）、环境（Environment）、栖身之所（Shelter）]，并停止在除"FEW-SHES"之外的其他方面制造麻烦呢？我们如何才能满足未来几千年地球上每一个人的需要呢？气候变化等因素使得提供"FEW-SHES"变得更加复杂，这种复杂性在未来会继续升级（见图 0-3）。

幸运的是，目前全球关注的焦点已转向气候变化。我们应对气候变化的措施"难产"已久，随着全球人口每天向地球排

图 0-3 气候变化使地球正在遭受各种灾害

放大量的温室气体，气候问题进一步加剧。人类排放温室气体的数量十分庞大，光二氧化碳每年就能新增近 400 亿吨。这是一个什么样的概念呢？一辆普通的家用汽车大约重 1 吨，这相当于每年有近 400 亿辆新的家用汽车漂浮到空中。除了二氧化碳，还有其他各类温室气体。气候变化的规模和体量着实骇人听闻。

我们不得不接受气候变化的现实，因为现有的次优基础设施还在扩大运行。温室气体是它们运行过程中必然产生的副产品。也就是说，继续使用这些过时的基础设施只会产生对人类和地球有害的副产品，比如温室气体。

现在的我们不再需要通过燃烧汽油启动发动机来使地面上的车轮运转。特斯拉（Tesla）和蔚来汽车（NIO）的性能已经超越了传统的汽油车。如果你认为发电厂发电必须要靠大量的煤和水来支撑，那请看看在风中转动的简简单单的风车，它们通过转动涡轮机（利用水蒸气的压力或利用风的自然力）一样能产生电流。完全不同的方法可以得到相同的结果，这就是我们所谓的异曲同工。有些方法对地球上的化学物质造成巨大影响（例如，烧煤制造水蒸气以使涡轮机转动），还有一些方法则对地球是中性温和的，如利用自然风的力量创造出超乎想象的发电规模，它们为提供"FEW-SHES"带来了显而易见的好处。

地球困境三：曾经的解决方案，今天的生态威胁

当前，地球面临的关键困境还在于食物、能源和水，因为这三者对时间极其敏感。

食物： 全球农业在不断变化。气候的改变意味着你所在地区的天气条件可能不再符合传统认知，比如最初的降雨、温度、风和阳光（见图 0-4）。这种情况越来越普遍。此外，由于大气成分的改变，地球的气候也处在动态变化中。根据科学家的说法，大气成分的改变需要几十年的时间才能完成，而农场可能在一段时间内还无法适应"新常态"。也就是说，在接下来的几

图 0-4 冰川融化、海平面升高，诸如纽约这样的大都市有被海洋吞噬的可能

十年里，每年都会出现一些新的变化。随着地球对大气变化的适应，我们很可能会在新的现实之间不断转换。除非我们停止改变大气成分，以便地球有几十年或几百年的时间来调整自身，实现新的平衡，否则地球很难进入新常态。

我们必须考虑到，由于缺水和气候变化，传统农作区的作物将遭受重重压力。预计在未来几年，重要的农作区将遭遇干旱、水涝、高温、霜冻灾害。未来，农民必须开发新模式来照料农作物。鉴于到 2030 年和 2050 年，地球上的人口预计会分别增长到近 90 亿和近 100 亿，这项挑战着实令人畏惧——毕竟，民以食为天。

但我所讲的其实把我们所面临的问题过于简单化了。尽管现代化肥的副作用正在继续毒害水资源和已经"遍体鳞伤"的表层土壤，但我们的农业依旧依赖其生产。1840 年，德国化学家李比希出版了《化学在农业及生理学上的应用》一书，为化肥的发明和应用奠定了基础。后来，化肥成为养活地球上几十亿人口的强有力的解决方案。自那以后，我们在地球上开辟了大量农田。但随着时间的推移，化肥污染日益严重。现代农业对化学品和药品高度依赖，比如除草剂、杀虫剂、抗生素和其他确保我们有安全食品供应的药剂，都进一步加剧了现代农业面临的挑战。我们可以看到，地球目前面临的来自"食物"的挑战是巨大且复杂的。

满足农业需要被重新认定为一项"当务之急"。在未来几十年，维持世界农业生产力的现有水平将是一项巨大挑战。事实上，这已经是地球上许多人每天都在面临的挑战——目前地球上约有20亿人正遭受饥饿和营养不良的痛苦。

肉类食品使该问题进一步复杂化。也就是说，人类所需的牛、羊等家畜需要大量饲料。仅考虑人口增长的背景，如果人类食物中的肉食比例保持现有水平，那么肉类食品的需求将大幅增长，因为所有这些"人类食用的动物"——牛、猪、鸡——都需要自己的食物来源。这就使得前文提到的关于提高地球农业生产力的挑战变得更加复杂和艰巨。

能源：能源改变了全球经济生活结构排放温室气体的方式。这种现存方式既造成水资源的浪费，又需要从遥远的国家以相当高的风险和成本运输燃料。不论是发电还是运输都是如此。供暖、制冷以及提供热水，对于许多国家来说，就占到国家能源预算的40%～50%。我们人类对能量的大部分需求只是为了保持一个使我们身体舒适的空间环境和湿度环境而已。

水：我们在地球上的日常活动正在不断地污染我们的水源；同时，气候变化正以多种方式改变着降雨模式。由于人类活动和气候变化，水资源短缺和水质问题立即变得更加复杂。水绝对是人类生存的核心，比如水合作用、卫生设施，农业也离不开水，同时主要的热电发电完全依赖于大量的淡水。因此，水资源供应经常面临农业需求、城市需求、工业需求和能源需求之间的"拉锯战"。在解决地球上的智能用水问题时，我们应立即着手解决与农业、城市和工业用水有关的问题，并希望水资源贫瘠的地区尽可能减少发电对水的依赖。

地球困境四：地球生态被"投资回报"思维捆绑

大胆的想法往往从一些简单问题的提出开始。例如，谁来为此买单？钱从哪里来？投资者是否愿意为这些革命性的想法提供资金？从这些问题出发，我试图重新理解地球所面临的重大挑战，我将其称为"资本主义暴政"和"投资回报"思维。

想象一下，你已经制造了 50 年的汽油动力车，并且你所在的公司已经建立了一个庞大的全球供应链，现在组件成本很低且可预测，汽车的设计依旧管用，车辆的能源供应网络——被称为"加油站"（见图 0-5）的设施——无处不在，特殊的液体燃料——石油、天然气——从遥远的陆地中抽取出来，经过提炼和加工运到大洋彼岸，驶过一个国家，然后被泵入地下的储罐，再被输送到装有特殊泵的汽车的储罐里。尽管这种生产架构有些不同寻常且违反人的直觉，但它已经无处不在，标准已经制定好了，资本投资已经进行了，生产运营已经开始了，

图 0-5　加油站

为何要改变现状呢？如果你改变这种架构，或者不再使用它，投资者如何收回他们的钱？如果你一直在为这个架构提供资金，那么关闭或改变这条全球供应链就像在对你的产权和投资回报潜力发动攻击。

我们都知道，像油驱汽车系统这样的全球架构正威胁着地球上的生命（见图 0-6），而这种架构完全可以变得更好。然而，做公认对的事情却可能会公然违背资本主义"把投资者放在首位"的思维模式。我们发现自己陷入了一种困境，但前人并没有留下类似的知识和理论供以借鉴。

在前景不确定的情况下，我们是否能对新一代的智能基础设施进行投资？优化后的架构成本可能会更高吗？它会改变供应链吗？如果投资者不想再进行投资怎么办？这并不是因为他

图 0-6　汽车尾气已成为空气污染的重要来源

们对新的智能基础设施有偏见，而是智能设施不适合他们。他们希望采用更加保守的、现有的、经过验证的设施，而应对全球性挑战不在他们的投资任务范围之内。毕竟，大多数投资者都在以专业投资者的身份对他人的资金进行有偿投资，他们的任务是严格遵循投资回报率。大多数投资者认为，自有肩负义务和职责的人来解决全球问题。就像在股票市场上买股票，你买入是希望它能上涨，如果它赔钱的话，你会十分失望。如果你把这种情绪放大到全球所有投资者身上，然后去理解我所说的逻辑，就容易多了。

如果地球上的大多数投资者都固执地坚持风险规避思维，将利润回报看作首要目标，将建立新的全球架构视为高风险行为，而不把应对全球挑战当作其投资内容之一，那么会发生什么呢？其结果如图 0-7 所示。

图 0-7　工业废气污染

现在我们可以理解为什么支持新的弹性 FEW-SHES 架构可能会耗时巨大，并伴随着众多不确定性。FEW-SHES 架构不仅要证明自身在经济上的优越性，还要证明其在弹性、效率、可扩展性和其他对整个地球影响重大的指标方面具有优势。没有人喜欢赔钱。正如任何曾经购买股票、拥有养老基金或人寿保险计划的人所认识到的那样，完全理性的投资者不愿挺身而出去应对全球挑战是可以理解的。直到现状明显无法维持之前，这种逻辑很可能会一直存在下去。

现在的挑战是，我们要在人类数百年来所取得的科技进步

17

的基础上，用一种有韧性的、经过大幅改进的架构，实现进一步发展。这一弹性架构是指：

● 可以在不影响周围自然生态系统的情况下发挥其功能。

● 可以为其目标功能提供强大的可扩展性：即便是面对100亿或者150亿至200亿人口的情况，仍能很好地发挥作用。

● 该解决方案可持续数千年。

● 帮助人类实现预期的目标（例如，有电、有暖气、有新鲜食物），而不会对另一关键资源域的功能产生负面影响。例如，如果在农业上使用现代化肥可能会污染珍贵的水资源，那它就不是我们要选择的解决方案。

因此，我们所处时代的关键目标是：以一种有韧性的、可持续数千年的方式重新建构一个可以满足100亿人需求的地球。我们必须从现在起着手建立新的全球基础设施，以满足未来需求。否则，就如同在我拍摄的纪录片《零水日》（Day Zero，见图0-8）中所展现的那样，人类在一片欢腾中迎来了2020年，却没有意识到我们周遭危机四伏，随后到来的新型冠状病毒已夺走100多万人的生命，我们的现代生活方式正遭遇前所未有的挑战。而地球，这颗宇宙中已知唯一拥有地表水的行星，早已不堪重负，水资源短缺已经影响到全球十分之四的人口，更多的人将面临同样的问题。在纪录片中，水用完的那一天被称为"零水日"。纪录片记录了那些正在为极力阻止"零

图 0-8　《零水日》纪录片的海报

水日"到来而奋斗的人。

　　现在，正如纪录片发出的警告：倒计时已经开始了，我们每个人都需要加入这场阻止"零水日"到来的战斗。从现在开始，我们要努力改变我们的现状，扭转目前地球岌岌可危的状况，让我们能够可持续地生活在这里。我们需要培育的许多技术和解决方案现在就在我们力所能及的范围之内！

第一章

FEW 是什么？

旧金山小镇的孩子

我是在美国旧金山北边的小镇长大的，那个镇子只有 5 000 人。我的父母都没有大学背景，也都没有去过海外。但我大概从 13 岁起，就一直对这个世界充满好奇。我也不知道为什么，可能是听的音乐太多了吧。13 岁时我就有要去日本的想法，但我家没有钱，所以我找了三四份不同的工作赚钱。有了一点积蓄之后，我在 16 岁那年加入一个留学生团队去了日本，在福冈读了一年书。

我为什么对日本感兴趣？因为 20 世纪 80 年代，我觉得日本可能会在很多领域超过美国。当时美国人比较怕日本，而我很好奇：这么小的一个岛，资源那么少，怎么会超过美国？除此之外，我还对日本跟美国的特殊关系感兴趣。我一直很怕这个地球有战争，所以读书时选择了国际关系专业。后来通过了解日本，我开始对中国感兴趣。

我第一次来中国是 1994 年，我在中央民族大学读书，了解中国少数民族的情况。这段经历给了我一个完全不同的角度去了解中国。我们去云南、贵州考察少数民族真实的生活情况，而不是每天只待在北京、上海。我从 1994 年开始去中国的农村，因为会讲中文，所以我可以比较快地找当地的朋友更好地了解情况。

我觉得中国应该还有比较大的发展空间。那时候，我真的开始考虑我怎么才能起作用、有没有可能在中国工作（因为我当初想了解日本时就在索尼工作过）。

为什么我知道中国会有发展空间？因为我很愿意认可显而易见的事情。不是说我有什么洞见，只是我基于之前看到的事情，就会认可。有的人宁愿相信别人说的，也不愿意相信自己的判断能力。而我不管媒体怎么说，不管外面怎么说，我相信事实。

后来，我成了腾讯的首席探索官，我加入腾讯已经有将近20年的时间。当初，腾讯是一家很小的公司，也是一家很不起眼的公司，吸引我加入这家公司的不是薪水或者其他条件，而是一群年轻小伙子的梦想。

腾讯起家的时候，并不是冲着赚钱去的。腾讯的高管团队，特别是腾讯的董事会主席兼首席执行官马化腾和他的小伙伴们痴迷技术，更痴迷于技术带给人们的快乐。他们想和更多的人分享这种快乐。马化腾创立腾讯的初衷就是用科技改变人类的生活，我就是受了这种梦想的感召，成为他们中的一员。

在创业初期，当"地球村"的人们用QQ免费交友，进行联络的时候，用户的那种愉悦感让我们有了很大的成就感。当年的许多情形，是我至今不能忘记的。所以，从根本上讲，腾讯从开始到现在，所做的所有事情就是关注本质、关心人。

我在腾讯内部经常强调这样一种观点：如果你不关注用户，不专注于用科技来改善人类的生活品质，只是为了好的工作、好的收入，那你应该去竞争对手那里，替它们工作，为它们服务。这样腾讯不会损失什么，反而会更加强大。我们认为，只有关心用户和人类，才能够做出正确的决策。

地球上的很多事情其实没人管

但等到我快 40 岁的时候，我发现地球上的很多事情其实没人管，也很少有人从全球的角度看待这些问题。这些问题就是食物、能源和水，也就是 FEW。FEW 影响到地球上的每一个国家、每一个区域和每一个人。

现在，我们已经看到问题了，我们已经不得不面对和解决这些问题了，而且必须从全球的格局和视角来解决这些问题。因为很多问题不是某个国家、某个区域、某个城市的问题。如果不共同来解决 FEW 问题，每一个国家、每一个区域、每一个城市都会成为受害者。

中国有句老话，"小胜靠智，大胜靠德"。无论面对什么样的挑战，无论面对多么复杂的市场变幻、多么厉害的竞争对手，只要你坚持为用户、为人类做有益的事情,那么你做的决策十有八九都不会错。你也就不会过于关注竞争对手,因为我们的眼里只有用户和人类。

说到底,我们就是要解决全人类及整个地球所面临的 FEW 问题。一些买腾讯股票的人可能不太在乎 FEW 问题,他们看中的可能是如何从股市中挣更多的钱。但是在腾讯,我们相信我们要解决 FEW 问题,我们会让这个世界变得更好。

没有人帮助我们理顺整个世界,我们必须靠自己。我们每个人都可以通过自己的力量节约食物、节约能源、节约水,这样的话,我们的地球就可以运行得更长久。

除了节约,还要开拓。除了依靠自身的意识和努力外,我们还要借助科技的力量。AI 就是我们解决 FEW 问题的一个关键。

虽然目前 AI 不能解决所有问题,但如果能快速地把 AI 投入应用,不需要升级硬件就可以让某些系统更快地反应:对世界很多地方来说,这种节约的方式是非常好的。例如,对很多国家来说,把燃煤的电厂全部关掉是不切实际的。而有数据显示,2018 年全球将近 70% 的温室气体排放来自燃煤的电厂。在这种情况下,将 AI 应用于燃煤的电厂,就有助于减少温室气体排放。让 AI 发挥它的作用,减少 FEW 的浪费,这才是我们最终的解决方案。

FEW 真的那么重要吗？

FEW（见图 1-1）是人类社会不可或缺、不可替代的基础性资源。它们是生命延续的物质能量支撑。这一点，从古到今未曾变过。

图 1-1 FEW

人类社会发展的序幕应该是这样拉开的：沿河取水，兴建居所；围猎圈养，获取食材；留存火种，使用能源。由此可见，FEW 是一切社会经济活动的基础，是不能被替代的。想想看，人类可以没有钢铁、水泥等，但能缺了食物、能源和水吗？

随着文明进程的不断推进，人类取得了超越任何历史时期的技术成就和经济成就，然而在全球范围内，食物、能源和水的总体态势却不容乐观。资源稀缺带来了严峻的问题，食物安全、化石能源枯竭和淡水短缺成为世界性的严峻挑战，全球范围内大约七分之一的人口（所谓的"底层十亿"）缺乏安全的食物供应，无法获得现代能源或清洁的可用水。数据显示，全球有超过 8 亿人正在忍受饥饿，20 亿人患有微量营养不良，每年有 260 万孩童因为没有足够的食物而死亡；20% 的人无法使用现代化的电力资源，40% 的人依靠木材、木炭等做饭和取暖，由此带来的室内污染导致每年有 150 万人死去；25 亿人缺乏清洁用水设施，近 8 亿人依靠不安全的饮用水生活，每年 150 万人的健康因此受到严重影响。另外，人类对自然的开发和利用持续了几千年，无节制的社会经济活动带来的全球气候变暖、土地荒漠化、生态系统退化以及各种问题已经严重威胁到人类的生存和发展。据调查，全球温室气体排放的 27% 来自电力和热力生产活动，15% 来自农业能源使用、甲烷排放（牲畜和水稻种植）和二氧化氮排放（来自施肥土壤），全球 20% 的含水层被过度开采，30% 的土壤功能发生退化。

这是多么可怕的数据，然而更可怕的是，这种严峻的态势会随着全球人口的不断增加进一步恶化。

预计到 2050 年，全球人口将突破 97 亿，城镇化率将达到 68%，人类对食物、能源和水的需求将分别继续增加 60%、80% 和 55%。人口激增与经济增长等宏观趋势对自然资源和生态环境的冲击将继续增强，资源匮乏和环境危机将进一步升级，这意味着人类将面临"超越任何历史时期"的资源环境压力，这对人类赖以生存的 FEW 提出了更高要求。

FEW 可以被看作当下和未来地球所面临的最大挑战之一，是人类未来需要面对的最重要、最基础的问题，直接影响到人类社会的发展走向，FEW 话题的重要性在今天看来是不言而喻的。我们需要重新思考解决方案，需要换一种方式去解决 FEW 这个关乎人类存亡的问题。

不能抛开任何一个去谈另一个

正如哲学所指出的那样，这个世界是相互关联的，而这种关联又是普遍的。FEW 也一样，我们不能单一地去谈论食物、能源或者水，因为它们无法被拆割开来。

六度区隔（Six Degrees of Separation）理论指出，"你和任何一个陌生人之间所间隔的人不会超过五个"。也就是说，最多通过五个人，你就能够认识任何一个陌生人。FEW 中也存在着错综复杂的关联关系，英文将其表述为 Nexus。

Nexus 并不是一个崭新的概念，它先后被应用于哲学、细胞生物学、经济学等领域，用来指代多个不同实体之间的连接或联系，而后才被引入自然资源领域。就像进化论一样，其原本只存在于生物领域，后来斯宾塞和赫胥黎把它引入人类社会的研究，并形成不同的观点。

这种关联关系存在于许多文明中。中国的五行体系同样可以说明FEW之间的关系。

"木、火、土、金、水"五行，是中国易学体系中的重要组成部分，它们之间的关系为"生克关系"（见图1-2）。一方面，"木生火，火生土，土生金，金生水，水生木"；但另一方面，"木克土，土克水，水克火，火克金，金克木"。这种生克关系，与FEW这三者之间的关系是如此相似。FEW之间也是一种生克关系。

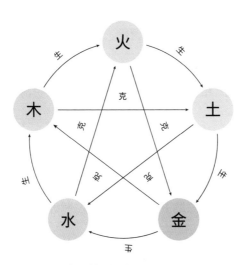

图1-2　五行间的系统关系

五行体系可以用来表示世界万事万物的关系。五行并不是五种具体的物质，它是一个更为广泛的概念。五行能对应五种方向，能对应五种颜色，能对应五脏，等等。五行体系既不神秘，也不是一种迷信，莱布尼茨受《易经》的启发发明了二进制，玻尔把太极图画入家族的族徽，心理学家荣格为《易经》的德文版作序言并表达了敬意。

如果我们把 FEW 放入五行体系，就会发现，"金"代表矿物，"木"代表植被、粮食，"水"代表水资源，"火"代表能源，"土"代表土地、空间等。五种物质要素之间的这种生克关系，与 Nexus 理念异曲同工，而且涵盖了食物、能源、水这三种核心资源要素。

具体到 FEW，我们可将其理解为一种资源的生产与消费直接或间接地影响着其他两种资源，它的短缺也会限制其他资源的开发利用。

食物的生产和消费过程离不开能源和水资源的投入，它是最大的能源用户之一，约占 30%；它也是陆地淡水资源的主要消费者，约占 70%。能源的开发和利用也需要水资源提供支持，能源生产需要的水资源大约占全球淡水资源利用量的 15%；同样，水资源的开采、输配、处理等一系列生产活动也需要依靠能源来维系，它贡献了 8% 左右的能源消耗份额。

除了最直接的相互依存关系外，FEW 三者间交织着潜在的

"恩怨情仇"式的关联，或者称之为权衡（trade-off）。

譬如，投入化肥增加粮食产量是为了缓解粮食安全风险，却间接消耗了大量能源，加剧了污染，比如造成了大量的水污染；在灌溉农业中，扩大种植能源作物在改善能源供应和优化能源结构的同时，也可能会引发粮食安全风险，使得农作物和能源作物对土地与水资源的竞争加剧。

由此可见，FEW之间存在着显著的传导性，是无法割裂的，通过关联关系可将这三者连接起来，使之成为一个整体。随着单项资源稀缺程度的不断提高，FEW系统所呈现的协同或拮抗作用将更加强烈，会影响到整个生态系统，因此需要对FEW进行集成管理，促进可持续发展。

从管理机制上讲，目前FEW存在部门之间、地区之间、对象之间的隔离，而FEW关联关系的提出，让我们可以从整体的视角衡量FEW三者之间的关系，并从要素协同、部门协作的集成管理视角，推动自然—社会—经济系统的可持续发展。这种理念打破了学科之间的界限，而提倡从多学科、多领域探寻综合性的资源管理方案，具有重要的现实指导意义。

目前，FEW关联关系作为系统集成的资源环境管理手段，已经引起了国际社会的广泛关注。

这项研究并不孤单

关联关系作为系统集成的资源环境管理手段，是世界性的热点议题。近年来，来自学术界、商界和政府的大约 300 个相关组织，已经参与到 FEW 关联关系的研究中来。

对 FEW 关联关系的研究可追溯到 20 世纪 70 年代罗马俱乐部委托德内拉·梅多斯（Donella Meadows）等人发表的研究报告《增长的极限》，其中就对全球人口、经济、FEW 等之间的供需与安全问题进行了初步探讨。Nexus 这个概念大约出现于 1983 年联合国大学推出的"食物—能源关联关系"的研究项目中。该项目尝试从关联关系视角探索综合解决食物安全和能源短缺问题的有效方案。

而真正提出并强调食物、能源、水三者之间关联关系的，当属 2011 年的波恩会议。波恩会议认为，关联关系这一概念的提出，在确保 FEW 资源安全的同时，能够提升资源使用效率，弱化资源之间的权衡关系，促进跨部门之间的协同管理，从而实现资源的可持续利用。

随后，世界经济论坛将 FEW 关联关系的重要性再次提升，明确指出 FEW 问题已成为全球三大风险源之一，是影响全球社会稳定和经济发展的关键因素。

紧接着，联合国亚太经济社会理事会在 2013 年发布了《亚太地区水—食物—能源关联关系》报告，指出水、食物和能源对维持地球上的生命至关重要，确保 FEW 资源安全是关联关系研究的首要目标。

之后，联合国于 2015 年制定了 17 项可持续发展目标，其中有 3 项目标，即消除饥饿、清洁饮水和卫生设施、清洁能源，与 FEW 直接相关，而其他 14 项也都不同程度地与 FEW 间接相关。

目前对 FEW 的认知到了哪一步

由此可见，国际社会已经意识到 FEW 面临的全球挑战，并试图鼓励各组织机构借助具体的项目，深入分析 FEW 关联关系的内涵，丰富相关理论，并逐渐向实践靠拢，这一行动极大地推动了科学研究在该领域的发展。人们在深入解析什么是 FEW 关联关系、FEW 关联关系包括哪些要素，以及如何利用 FEW 关联关系解决实际问题等方面都做出了努力。

关于 FEW 的研究方兴未艾，国内外学者根据各自的研究领域、研究目的和研究视角，对 FEW 关联关系的概念进行了不同的解读和表述。虽然目前学术界没有一个共同认可的定义，甚至对 Nexus 的基本理解也存在差异，但大家对 FEW 三者之间存在客观的、复杂的相互作用关系却达成了某种共识，而这一作用关系正是关联关系研究的核心。

作为关联关系研究的里程碑式事件，波恩会议将 FEW 关联关系看作一种实现人类生存与各国重要利益的政治理念，强调相对分割的管理方式无法有效解决 FEW 生产与消费等活动带来的复杂资源环境问题，因此需要建立一种综合的概念框架，促使 FEW 资源向可持续发展转变。随后，学术界开始尝试对 FEW 关联关系进行深入解读。

基于《牛津字典》对 Nexus 的界定——"将两个或多个事物连接起来的一个或一系列联系"，目前被广泛采用的"联系论"应运而生，即认为 Nexus 表明了不同主体间存在紧密且复杂的联系；此外，也有学者将 Nexus 视为资源间的悖论（Resource Trilemma），以反映 FEW 间的权衡取舍与潜在冲突。这些差异化的认识不仅展现出 Nexus 的丰富内涵，还表明 Nexus 比 Relationship、Network 等词语更能反映食物、能源和水之间的复杂关联关系。

随着国际社会对 FEW 关联关系的研究逐渐增多，人们看待 FEW 的视角也不断拓展。早期研究主要集中在"两两关系"上，即：食物和能源，能源和水，食物和水。近年来，人们意识到，通过对三种资源的整体研究有助于提高决策的有效性，因此针对 FEW 三种资源的研究呈现井喷之势。

2011 年,斯德哥尔摩国际环境研究院指出水资源应该被作为 FEW 研究的核心,强调了可用水量对 FEW 系统资源利用的引领作用。2014 年,联合国粮食及农业组织从保障食物安全和农业可持续发展的角度,分析了如何基于 FEW 系统进行决策。2015 年,国际可再生能源机构强调能源是社会经济系统的血脉。在这一阶段,尽管对 FEW 的关注点在不同研究中各有侧重,但基于 FEW 三种资源的整体性研究框架基本形成。

随着 FEW 研究的蓬勃发展,FEW 关联关系逐渐向多要素和多尺度延伸,形成"FEW+"研究框架(见图 1-3),如"FEW+ 气候变化""FEW+ 气候变化 + 土地利用""FEW+ 人

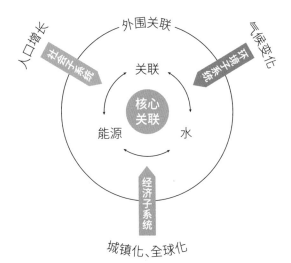

图 1-3 "FEW+"研究框架

类健康"等。此外，关联关系研究还涉及家庭、城市、国家、跨区域、全球等不同地理空间尺度，并且涵盖了季节、年度和长时间尺度的变化。

目前有关 FEW 关联关系的研究多是借助传统的理论、方法与工具，定性描述或初步量化某研究区（如国家、区域）的 FEW 关联关系。这些研究重点在于分析要素之间静态的依存关系，相当大的部分是在对 FEW 子系统，即资源要素之间的足迹影响以及 FEW 生产或消费所引起的其他资源环境足迹的核算中展开的。通俗地讲，就是从相对微观的角度计算一种资源的生产与消费对其他资源或环境产生的消耗与影响，也就是上文所提到的"足迹"。譬如，食物在进入嘴巴前，需要经过生产、加工、运输、存储、烹饪等多个环节，而食物被消费后，食物残渣和废物的处理也会经过回收、堆肥、焚烧、填埋等多个环节，这些过程都会产生一定量的水和能源的消耗，并通过污废水及温室气体的排放等过程作用于地球，而食物的生产和消费也同时受到资源环境的约束。对这部分影响的量化有利于加深人们对 FEW 关联关系的客观认识。

另外，也有少部分研究开始对 FEW 关联关系进行评估、模拟和优化，主要在于尝试从相对宏观的系统层面指导 FEW 资源的管理实践。譬如，通过建立指标体系以评价 FEW 在社会经济系统中的可持续发展能力，或者通过模型构建或工具开发来模拟、推演 FEW 系统的响应关系和未来发展趋势，为 FEW 的系统管理提供定量依据，并服务于资源管理实践。

我不厌其烦地用大量篇幅，甚至用相对晦涩的专业术语来讲述 FEW 间的这种关联关系，并不是着眼于关联关系本身。我们还是要解决问题的——解决 FEW 这个人类面临的问题。我们要开出什么药方？用什么来解决 FEW 问题呢？

第二章

AI 为地球重新编程

AI FOR FEW，我们需要一个系统解决方案

在正式并且严肃地回答上述问题之前，我想我们还是先看一部电影——一部叫作《火星救援》的影片，来放松一下。

在这部影片中，人类首次实现了火星登陆。宇航员马克·沃特尼，也就是本片的主人公，与其他宇航员遭遇巨型风暴，外太空之旅只能提前结束，他因为被误认为无法生还而被留在火星。清醒后的沃特尼发现自己远离地球，并且剩下的食物只够一个月。好在这位身为植物学家的主人公天性乐观，他决定靠自己的力量活下去，等待下一次火星任务的到来。最后救援能否成功的一个关键，在于我们的主人公能活多久，这取决于在有限的资源下他能生产多少食物。

这虽然是一个很特殊的例子，但却给我们提出了一个很有意思的概念：作物的种植效率。请读者们记住这个概念，在接下来的篇章中，我们会再次用到它。

看完了电影，让我们再来看一个笑话。

有这样一个笑话，说朋友之间不要轻易讨论政治问题，因为政治问题很容易让人不欢而散，绝对安全的议题是天气。但那已经是几十年前的事了，现在连讨论天气问题都不太安全了，因为天气很容易牵涉到气候变迁问题，这是一个意识形态

很重的议题。

人类只有一个地球，作为原住民，每个人都有对地球评论的权利。看见因气候变迁而造成的人道灾难，我们会指责破坏环境的人；看见有些贫困地区没有足够的食物，我们会做点善事、捐点钱，顺便指责一下当地政府或者做食物救援但做得不到位的国际组织；看见一些看似很有用、能解救地球的疯狂计划，就毫不犹豫地在社交网络上点赞，而不管背后的逻辑是否合理。

在这个美丽的星球上，我们都高估了自己的善良，也高估了自己的智商。如果足够自省，我们会发现自己并没有像自己说的那样关心地球、关心这个地球上其他人的生死。当我们指责别人不够关心的时候，其实我们自己也只是那些不够关心的人群中的一员而已。

因为我们想做的事情并不是一点点关心就够的。地球级的问题都是异常复杂的，截至目前，我们都没有足够的决心和智商去解决，但很多组织都在行动，在别人面前表现得好像我们有足够的决心和智商一样。但其实，我们做的所有努力只是在重复一个大家都同意的口号：这个地球需要我们保护——仅此而已。我们从来都没有在这个议题上迈出坚实的一步，因为那些整天喊"别吵了，行动！"的人，本质上也只是在喊而已。

解决地球级的问题需要系统的思考，也需要多学科交叉的协助。

让我们来做一个思想实验：假如你带着一台装满资料的笔记本电脑穿越到远古时代。在电池还没耗尽的某一天，你看到电脑上有些材料讲述了制作铅笔的大致原理，你突发奇想，你想造一支铅笔。

好不容易，你找到了做笔芯的原材料，但你发现还有很多问题没解决：把笔芯做得细长笔直是非常困难的，需要一些工具，比如用钢铁做成的工具，这意味着你可能需要制造钢铁的原材料和工艺。如果你的笔记本电脑的电池还没有耗尽，你也许能找到一些制造钢铁的大致原理，但你又会发现你需要可控的火，于是你会寻找关于火的可控方法……

最后，你手中有钢铁、笔芯材料，还有木头，但你又会发现，用简单工具做出来的笔芯根本无法嵌入木头做的铅笔外壳，因为这对精度要求太高了。此时，你才发现这个看似特别简单的东西制造起来是那么难。

实际上，当我们产生做一支铅笔的想法时，我们就已经高估自己的智商了。仔细分析一下，在这个思想实验里，我们对自己智商估计的误差来自我们想要做的这件事，这件事需要很多高难度的协作，这类协作网络在远古都是不存在的，但我们却一厢情愿地觉得它存在。

在高度发达的现实社会中，做铅笔的协作网络是存在的，但解决地球级问题的协作网络却是非常不完善的。正如我们尝试在远古造一支铅笔一样，我们用现有的思维方式去解决地球级问题，我们以为这些必需的协作网络是存在的，实际上这也是在高估自己的智商，因为我们都低估了学科交叉的难度。

这牵涉到很多深层的社会问题。我们每个人都有不同的背景和经历，每门专业的学习成本都极高，各行各业之间都存在不同程度的"鄙视链"，导致人们无法真正向多学科交叉敞开怀抱，互相深入学习。

那我们写这本书，会不会也沦为嘴上喊"别吵了，行动！"而最终无法落实到行动中呢？我们希望不会。这次，我们在踏踏实实地寻找革命性的解决方案：AI。

人们经常高估自己的智商，在AI领域也一样。有些人憧憬在不久的将来，AI会飞跃式地推进技术的进步；也有人担心AI会抢走他们的工作。这些人都太抬举AI了。其中既有创业者和投资者的兴风作浪，也有各大媒体的鼓吹和看客们的热烈关心。但剥开这些美丽的外壳，AI并非一无是处。在很多现实问题中，AI已经得到了广泛的应用，并实实在在地产生了价值。

这些现实案例都有一些共同的特征：明确的数学抽象，这也是AI的独特所在。AI在本质上是从数据中学习的有用的决策器。AI是否能足够好地解决现实问题，就在于一个决策器的性能在多大程度上能够被数据所定量，从而被精确地描述。在绝大多数情况下，数据量越大，质量越高，从中学习出来的决策器的性能就越高。最近 AI 在各个领域的突破，都得益于计算机算力的提高，而算力的提高和算法的提升在政府和企业中都是互惠互利的：算力提高了，通过复杂算法提升决策器性能的可能性就高；算法性能提升了，就能产生具体的产业价值，从而促进政府和企业在算力上投入。如此，AI 的两大基础——算法和算力，也就进入了良性循环，会为社会产生大量有用的应用案例。

2019 年 4 月 3 日，我推动联合国人居署与腾讯在联合国总部举办主题研讨会（见图 2-1），主题是"城市化与 FEW 的关联关系"。在会议上，我提出了"AI FOR FEW"的倡议，并指出 AI 在 FEW 方面有广阔的空间。

图 2-1 我在联合国"城市化与 FEW 的关联关系"研讨会上发表演讲

事实上，在此前一天，我组织了全球首届"AI FOR FEW"国际研讨会（见图 2-2），邀请学术界和产业界的多位代表一起共同深入探讨在 AI 时代应该如何应对以 FEW 为代表的地球级挑战，这带给我很多启发和思考。

图 2-2 全球首届"AI FOR FEW"国际研讨会

黄瓜的故事

AI 虽然很先进，但 AI 需要数据。就拿 FEW 里的食物来说，与食物紧密关联的是农业，它的数字化程度在各行各业中可能是最低的。既然如此，那为什么我们还希望在农业技术上做新的尝试？这是因为我们坚信 AI 这个解决方案与众不同。

从 2004 年到 2018 年，小麦的生产成本降低了 14%，而同期 CPU 的生产成本却下降了 99.8%。这意味着农业技术的进步远远落后于半导体工业。同时，CPU 的高速发展为 AI 提供了高效的运算能力，帮助该领域产生了大量能得到工业应用的技术。图 2-3 还显示了近几年主要的几次 AI 会议发表的论文数量，这一数量在最近几年已经增长了数倍。对比农业生产力水平的缓慢增长和 AI 技术的飞速进步，一个很自然的想法就是探索如何利用 AI 促进农业技术的发展。

我们在几千年甚至更长的历史中，都会直接或间接地接触到提高亩产量、提高农业产业的利润率等问题，这些都是农作物种植效率的某种表现形式，但我们从来都没有从定量化、系统化、自动化的角度进行种植效率的计算和优化。

为了避免沦为口水战，为解决地球级问题迈出坚实的一步，我们从一个相对可控的问题入手：全自动温室控制算法开发。

一次偶然的机会，我听说了荷兰瓦赫宁根大学——世界上最好的农业大学之一。但当时我对这所学校一无所知。我读了关于它的报道，渴望深入了解它。于是，我给这所学校发了一封邮件。如今大家都很忙，通常你不会得到回应，但是没有想到的是学校回复了我，说很期待面谈。

于是，我从硅谷飞到了荷兰。

2018 年 3 月，我们和荷兰瓦赫宁根大学一起着手筹备"第一届国际智慧温室种植挑战赛"。借助于温室模拟器，参赛团队能够在很短的时间里开发出自动控制算法，提高种植效率，用

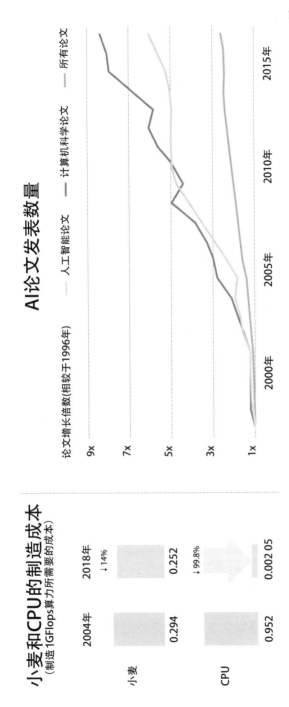

图 2-3　小麦和 CPU 的制造成本以及 AI 论文发表数量

尽量少的资源，例如水和电，生产尽量多的食物。对于解决人类食物问题来说，这是团队的一小步，但却是解决 FEW 问题的一大步。

温室模拟器需要考虑的是一个关于温室的系统化、定量化的建模问题，是对温室的完全数学抽象。这样我们就知道在怎样的气候条件下，用怎样的种植策略，比如将怎样的温度、湿度、营养、二氧化碳浓度、光照条件等组合，能够有什么样的产出。所有的作物模型，都通过计算机程序进行定量化的模拟，然后通过一定的接口暴露给控制程序，这样程序员就可以通过简单的控制指令去操控温室，并在非常短的时间内，比如在几十秒里看到种植效果。总体想法就是，充分利用计算机的计算能力，加快农业技术的迭代速度。在此之前，农业领域、工业界和学术界都没有这种设计。

从本质上看，这次探索是基于工具的创新。DeepMind 团队在 2019 年初的时候，研发了一款叫 AlphaStar 的 AI，AlphaStar 大比分战胜了《星际争霸》游戏中最厉害的人类职业选手之一。但鲜为人知的是，早在 2016 年底，DeepMind 就和《星际争霸》的游戏开发商暴雪公司一起开发了一套用于快速仿真的 API，用于研发对应的 AI 系统。类似的事情也发生在 20 世纪，而且发生在飞机的研发过程中。1903 年底，莱特兄弟第一次试飞成功，但其实在 1901 年，莱特兄弟已经研发出一种叫"风洞"的特殊设备，用于低成本的飞机测试。看看吧，有时候一次技术革命确实需要工具的创新。

基于同样的理由，为了突破农业技术的局限，我们希望构建出一种用于开发农业技术的创新工具。在这次探索中，我们是这样想的：AI根据当前状态做出一项决策，环境就会根据不同的决策演变到下一种状态，同时给AI一个奖励，而AI根据新的状态再做决策。如此类推，AI通过和环境不停地进行交互式学习，获得尽量多的奖励。这个环境既可以是一个真实的物理环境，也可以是一个计算机仿真环境。因为计算机的成本越来越低、计算能力越来越强，在仿真环境下进行AI训练就会变得非常高效，而成本则非常低。

在比赛中，腾讯的AI算法iGrow交出了一张漂亮的成绩单。在实际种植中，iGrow在短短几个月里，学习了相当于一万五千年的黄瓜种植经验。如图2-4所示，左图为iGrow具体的成本和收入随时间变化的曲线，右图是净利润曲线。我们注意到，在刚开始将近两个月的时间里净利润是负的，因为这时一直在消耗资源，温室也在折旧，而没有黄瓜收成。大概从第三个月开始有了收成，亏损在缩小。从大概第50天开始转亏为盈，最后的净利润是每平方米20欧元左右。我们最后的净利润和荷兰最优秀的人类种植专家几乎一样，并且我们获得了更好的二氧化碳效率。

这样的算法还有一个不可忽略的优势：我们可以在设计阶

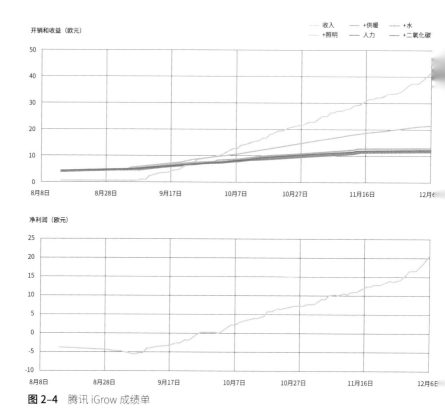

图 2-4 腾讯 iGrow 成绩单

段就让算法具有终身学习能力。AI 可以通过和仿真器以及真实
温室的交互过程进行终身学习。首先，AI 算法使决策网络初始
化，然后在某个版本的仿真器中进行学习，学习收敛后被放入
真实温室进行继续学习（见图 2-5）。但如果我们后来又建立了
一些更好版本的仿真器，这个决策网络可以继续学习和迭代，
迭代的结果也可以被放入多个真实温室中继续学习。AI 在每个
真实温室中的学习又会反馈给其他各个温室。这样，在不停的

图 2-5 从仿真到真实温室的迁移

循环学习中，每次学习都会让决策网络的性能进一步提高。

这只是一个开始，我们还需要提高跨学科的协作能力。我们希望有一天，一个整天在办公室里的 AI 研究员会跑到田地里关注磷肥在光合作用循环中的作用；而另一头，一个经常在大棚里的农业工作者回到家后，脑中回忆起 AI 的工作原理。

2020 年 6 月，腾讯又宣布了两项"AI+ 农业"领域的新进展。

第一项进展是一个熟悉又陌生的故事。在第一届国际智慧温室种植挑战赛中，参赛团队种的是黄瓜；而在第二届比赛中，参赛团队种的是小番茄（见图 2-6）。复赛队的五个 AI 的收成均超过有 20 年经验的农业种植专家组。其中，冠军组实现亩产资源消耗减少 16%，净利润增加 121%。

进展不仅仅体现在竞赛上，更重要的是体现在田间地头。

第二项进展就发生在中国辽宁省的黑土地上。腾讯借助在上一届比赛中打造的 iGrow，展开两期种植试点（见图 2-7）。

图 2-6 AI 种植出的小番茄

图 2-7 iGrow 方案在辽宁省进行温室试点

一期使用当地三个日光温室种植番茄，其中两个部署了 iGrow 方案的实验组。2020 年 5 月试点结束后，实验组和未改造的对照组相比，每亩每季增加了数千元的净利润。

那么，腾讯为什么要大力支持并参与这个项目呢？这需要回到本书的开头，这既是我加入腾讯的初心，也是腾讯践行"用户为本，科技向善"使命愿景之所在。面对 FEW 这样影响人类发展的问题时，腾讯责无旁贷，要用自己的科技能力做出一种向善的选择。

作为一家国际领先的科技企业，腾讯一直在拓展现有的体系和架构，AI 是其中一个重要的解决方案。我们希望从食物生产这个单一环节，扩展到对食物、能源和水的整个体系的全局优化。如果 AI 能配合全面自动化，将会释放惊人的生产力。AI 这么年轻的行业和其他行业相碰撞时，会遇到诸多挑战，如何预见并解决这些难题，需要耐心、创新甚至是灵感。但这其中蕴含的机遇也是巨大的，我们希望有更多跨学科的专家、企业家和投资者一起，共同探索"AI+FEW"的各种可能性。

在地球面前，在科技向善的路上，没有人是孤单的。那就让我们一起，通过 AI FOR FEW，来重构地球吧！

第三章

水是打开 FEW 的钥匙

"零水日"

地球是宇宙中已知唯一有地表水的行星。

水造就了生命和文明，但地球上古老的水模式正在改变。水资源短缺已经影响到全球十分之四的人口，很快将有越来越多的人受到水资源短缺的影响。没人能确定明天的水从哪里来，倒计时已经开始。

2020 年元旦，是一次完全不同的倒计时，意味着我们已经走过了 21 世纪的头 20 年。越来越多的人感到 2020 年的元旦比以前任何年份的元旦都要幸福。但当时我们谁也不知道，2020 年会如此曲折离奇。

新年刚过，第一批因新型冠状病毒死亡的人永远离开了我们。之后的几周，街上没有了往常那样浓郁的节日气氛，派对没有了，庆祝活动也没有了……多年来，一直有专家预测流感大流行正在蔓延，但并没有足够多的人倾听他们的呼吁。

然而，在 2020 年，新型冠状病毒并不是人类即将面临的唯一灾难。

在 2019—2020 年澳大利亚丛林大火中，超过 4 600 万英亩的土地被野火焚毁，34 人因被火焚烧直接身亡，417 人因吸入烟雾等原因间接死亡。根据调查，估计有 10 亿只野生动物因这场大火而丧生……一些物种更是因为这场野火濒临灭绝。加利福尼亚州、阿拉斯加州和西伯利亚地区也发生了类似的史无前例的火灾。

自1980年以来，全球极端天气事件更加严重且频发。

在墨西哥城（世界上最大的城市之一），缺水已经成为市民日常的一种生活方式。

在美国的中西部，灌溉水源正在消失，美国的粮仓正在消失。

在巴西，高压武装警察部队在最后一道防线巡逻，以防止亚马孙热带雨林被破坏；一支一千人的军队驻扎在面积等同于印度的地区。可是，这小小的防线对于减慢雨林被砍伐的速度几乎是徒劳的。近20%的雨林已经消失。我们都知道，如果你带走了雨林，意味着你将带走雨水……在巴西，这种结果可能是灾难性的。

"零水日"这个概念是指人类将水用完的那一天（见图3-1）。

大约35亿年前，水是地球生命的起源，所有的生物都依赖水源生存。

"零水日"的世界和我们现在生活的世界是截然不同的。新型冠状病毒告诉我们，有些警告确实会成真。世界正在经历一场气候变化和人口增长的完美风暴。专家们说，我们中的大多

图 3-1 极端干旱的开普敦

数人将首先感受到气候变化的影响。对许多人来说，水危机已经开始了。

全世界约有 22 亿人缺乏安全的饮用水，42 亿人享受不到基本的卫生服务，30 亿人没有基本的洗手设施。全球有超过 6.63 亿人的饮用水源状况得不到改善。全球有一半的超大城市缺水。三分之二的人口面临着季节性或全年水资源紧张。

2019 年是澳大利亚自 1910 年有记录以来最炎热、最干燥的一年。为应对严重旱情，2019 年 6 月 1 日澳大利亚开始实行限水措施。澳大利亚的许多地区都面临水资源短缺问题，为了防止出现"零水日"局面，澳大利亚已经采取措施，包括珀斯、悉尼和阿德莱德在内的多地都采取了用水限制措施。

2018 年，开普敦几乎成为世界上第一个缺水的主要城市。在这里，"零水日"持续了 90 天。由于降雨量不足（该地区有记录以来最严重的干旱），自 2015 年以来，水坝水位一直在下降，2018 年，水位徘徊在大坝总容量的 15%～30%。开普敦市政府官员宣布，需要采取严格措施以避免资金耗尽。减少需求是一个关键的优先事项。政府提高了水价，餐馆和企业鼓励人们上完厕所后不要冲水，并要求人们的淋浴时间不超过 2 分钟。在最极端的情况下，居民每天最多只能使用 50 升水（仅淋浴一分钟就可使用 15 升水）。

现在，"零水日"似乎还只是发生在遥远地方的其他人身上。但是，当每个人都明白水在我们生活中的分量时，就意味着应对行动已经开始了。这样的一幕将在一个又一个城市上演：因为水资源短缺，抗议者走上街头。"零水日"不是一个局部问题，而是一个全球性的问题，涉及我们所有人。

澳大利亚、开普敦、加利福尼亚州、堪萨斯州，在这些地方性的"零水日"现象背后，科学家得出一个共同的解决方案——我们必须马上行动起来。地球上我们已经习惯的生活方式，如果没有足够的自然资源作为支撑，是不可持续的。

有人常说，水是大自然与人类交流的方式。那么，我们已经到了必须开始倾听的时候了。

生命是一场缓慢脱水之旅

"水者，何也？万物之本原也，诸生之宗室也。"水是一切生命的源泉，世间万物皆因水而生。

设想一下，没有电、能源、高铁和飞机，我们会生存多久？人类最开始使用电是 200 年前的事情，发明飞机是 100 年前的事情，坐上高铁是 50 年前的事情。电、飞机、高铁……十万年前乃至 200 多年前都没有这些东西，人类照样生存得很好。

假设现在停电 30 年，经济会一下子跌落下来，但人类不会因此而死亡。但如果地球上没有了水，大概五天之内人类就会全部死亡。

水是生命之源、生产之要、生态之基，万物都从水中来。就连探索外星生命，都要先找到水。

水是一个大硬盘、大缓冲器、大调节器。一瓶一升的矿泉水升高 1℃就要消耗 4 200 焦耳的能量，所以水的吸热散热对调节气温有很大的作用。

月球表面正因为没有水，所以正对着太阳的一面白天温度达 100℃以上，背对着太阳的一面晚上温度可降至 –170℃以下，昼夜温差高达大约 300℃——没有什么生物经得起这么折腾。水，遇高温则升温，大量吸能，晚上则放能。同时，水伴随着大气循环使温度变化变得相当和缓，就像一个大缓冲器一样把能量碳化了，而碳化下来的环境才适合人类生存。

人是水做的，我们的生命就是一场缓慢脱水之旅。胎儿的生命在羊水里被孕育，羊水中98%的成分是水；初生的婴儿体内的含水量达80%～90%；成人体内的含水量接近70%；老人体内的含水量只有50%～60%。

人体器官依然离不开水，水是构成人体细胞的主要物质。实际上，无论是皮肤还是骨骼甚至是头发丝，人体的每个细胞都含有水分。眼球和脑脊髓的水分含量高达99%，血液中则为83%，肌肉的含水量约为77%，脂肪和骨骼中的水分为18%～20%，指甲的含水量为7%～12%。

人和水的关系是不是非常奇妙？

不仅仅是人类，所有的生态、生产、生活全都离不开水。水是最好的储能工具。在世界上所有的储能方法中，除水以外效率最高的能达到40%。而水储能的转化效率是75%，成本却只为其他储能方法的十分之一。

没有水，一切动物、植物甚至是微生物都会逐渐消亡。水早已成为我们日常生活的一部分，所以我们说，水利万物而不争，水是万物之命脉所在。

不要让最后一滴水成为我们的眼泪

2017 年，古根海姆学者奖获得者米歇尔·渥克撰写的《灰犀牛：如何应对大概率危机》，使得"灰犀牛"一词迅速为世界所知。类似于"黑天鹅"比喻小概率而影响巨大的事件，"灰犀牛"则比喻大概率且影响巨大的潜在危机。渥克在书中指出，"灰犀牛事件是我们本来应该看到但却没看到的风险，又或者是我们有意忽视了的危险"。

相较于"黑天鹅事件"的难以预见性和偶发性，"灰犀牛事件"不是随机突发事件，而是在一系列警示信号和迹象之后出现的大概率事件。其核心矛盾在于：当我们可能遇到的危险还处在萌芽阶段时，我们会感觉手头的事务紧迫，无暇顾及，致使防范措施搁浅；当危险真正来临，损失已不可避免时，我们虽然有应对灾难的财力和物力，但无论是想减少损失，还是想事后收拾残局，其费用都会是天文数字。

全球水资源危机就是人类面临的迫在眉睫的"灰犀牛事件"。

目前大多数缺水国家都在过度消耗水资源，消耗的水资源远远超过每年可更新的水资源。很多国家都意识到过度消耗水资源将是不可持续的，但在经济利益的驱动下，很少有政府能够有效遏制日益增多的水资源消耗，因为这意味着要牺牲经济的发展。

瑞士地下水专家金士博（Wolfgang Kinzelbach）提出"粮食泡沫"：地下水灌溉为粮食生长提供了稳定的水源，原来在汛期生长的作物，可以延长生长期，通过不同作物的搭配可以从一年一季变成一年两季，代价是超采地下水。超采带来的短期好处会给人一种增强了粮食保障的错觉。但长此以往，地下水位会一直下降，农民抽水的成本会越来越高，抽水量也会越来越少。等到什么也抽不上来的时候，只能又回到依靠降水种植粮食的模式，靠天吃饭，高产的"粮食泡沫"也就破灭了。

不幸的是，很多地方仍在使劲吹"粮食泡沫"，全然不顾泡沫破灭的后果，这多像一头奔跑过来的灰犀牛。

20 世纪七八十年代，沙特阿拉伯曾大规模发展本国农业，试图通过自给自足和改善农村收入来实现粮食安全。尽管沙特阿拉伯发展农业的初衷无可厚非，但没有充分考虑当地的水资源禀赋。

农业种植是极其耗水的产业。在中东地区，每生产 1 吨小麦需要灌溉 1 000 吨淡水，这对干旱缺水的沙特阿拉伯而言是极其不划算的，因为 1 000 吨淡水的价值要远远大于 1 吨小麦的价值。灌溉用的淡水主要来源于地下水的开采。据估计，沙特阿拉伯地下含水层的储水量大约有 5 000 亿立方米，但由于沙特阿拉伯降水稀少，地表淡水补给有限，5 000 亿立方米地下水绝大部分是不可再生的"化石水"，仅有 10 亿立方米是可再生的淡水，而在沙特阿拉伯农业种植高峰期平均每年的地下水开采量约为 130 亿立方米。

在沙特阿拉伯政府数十年的大力主导之下，沙特阿拉伯的粮食产量迅速飙升。甚至在 20 世纪 70 年代沙特阿拉伯还几乎不生产小麦，但在 20 世纪 90 年代初它就已经成为世界第六大小麦出口国。尽管地下水位快速下降引起了沙特阿拉伯政府的注意，但当时该政府认为发展沙漠农业不仅能让沙特阿拉伯实现小麦自给，还可为农村地区创造就业条件，促进农村繁荣，因此并未采取太多措施有效管控地下水开采。

直到 2000 年左右，沙特阿拉伯地下含水层的储水量被迅速耗尽——这些蓄水自上一次地球冰川时期以来就没有得到过补充。面对困境，沙特阿拉伯政府在 2008 年宣布逐步退出自给自足政策，减少国内小麦种植量；到 2016 年，沙特阿拉伯政府更是下令全面禁止小麦种植，改为完全依赖进口，重新走上其他海湾国家的老路，但被抽干的地下含水层可能再也无法恢复了。

"不要让最后一滴水成为我们的眼泪！"这是 1993 年 1 月 18 日，第 47 届联合国大会根据联合国环境与发展大会制定的《21 世纪行动议程》提出的建议。第 193 号决议通过后，明确

自 1993 年起，将每年的 3 月 22 日定为"世界水日"，以推动
对水资源进行综合性的统筹规划和管理，加强水资源保护，解
决日益严峻的缺水问题。同时，通过开展广泛的宣传教育活动，
增强公众开发和保护水资源的意识。

联合国第九任秘书长安东尼奥·古特雷斯在 2019 年世界水
日发表的致辞中指出：水是一项人权，不应剥夺任何人取用水
的能力。

据联合国儿童基金会和世界卫生组织的报告，截至 2017
年，全球有超过 20 亿人喝不到干净水。随着人口的增长，人
类对水的需求会日益增长，而气候变化带来的降水减少加剧了
水资源的压力。如果没有高效的管控措施，未来全球将有更多
的人因严重缺水而流离失所。

记录每一条河流的日常

就像遍布人体全身的血管，水网是一个更加庞大、复杂的
系统网络。一条河与其大大小小的支流、连通的湖泊构成一个
自然的水系。对于地球这个庞然大物，管理好河流的每一个
"毛细血管"，似乎是一项不可能完成的任务。

水况的监测涉及江、河、湖泊、水库、溪流以及大小水利

工程，它们星罗棋布。直至 21 世纪初，对水情和水质的跟踪监测一直是劳动密集型工作，水文工作者每年都需要多次往返于流域内的各个水文站，测定流速、采集水样，并返回实验室手动完成水样的化学与生物分析工作，尤其是生物分析需要专业人员在显微镜下对特定的微生物进行统计。

如何全面、快速掌握千里、万里之外的水情信息？其实，古人已经给了我们一些提示："欲穷千里目，更上一层楼"——山峰之巅、头顶彩云的地方！雷达、无人机等新型探测手段正不断发展，将其纳入气象和水情观测系统中，结合地面自动观测站，将构成 AI 时代立体化、全方位的智能监测体系。通过远程接收、存储各路气象数据，以及对数据的智能识别，系统将实现对未来降水、灾害性天气的预测。水情和水质的智能、实时监测可为我们节省大量的人力、物力，能让我们快速掌握千里甚至万里之外的信息，为防洪抢险争取宝贵的时间。

卫星和遥感等新技术的兴起，则将水文监测能力提升到了外太空等级。1957 年，苏联发射了人类历史上的第一颗卫星"斯普特尼克 1 号"。随后，美国于 1958 年发射了"探险者一号"。现在卫星观测已被普遍应用在气象和环境领域。卫星主要通过接收来自地表的电磁波信号记录地球的各种参数。通过从太空给地球"拍照"，卫星可以迅速记录方圆万里内的各种状况：有水、没水，水多、水少，一目了然。在半个多世纪里，世界各国不断地在向太空发射卫星，仅 2018 年一年，世界各国就一共进行了 114 次发射，共发射了 450 颗卫星，如今每天环绕在地球上空的卫星已达到几千颗。

人工智能在水情监测工作中大有可为：利用现代传感技术实现水位、流速、风速、水质等信息的实时采集，通过智能监控系统对收集到的数据进行分类存储、检查；当水位、流量等监测要素超过规定数值时，系统自动报警，使监测更便捷、更准确。在对水质监测的工作中，美国切萨皮克湾保护协会（Chesapeake Bay Conservancy）将 AI 技术应用到美国东海岸切萨皮克湾河口的环境保护工作中，利用 AI 辅助开展土地覆盖等卫星地图的自动处理工作。

结合 AI 技术的新型水资源管理方式，能够有效分析整个系统中发生的一切，使得基础设施能够受到全面监管，并能够根据任何给定情况或突发事件不断调整其方法。

在预测未来结果的同时，AI 技术还可以帮助人类预测不同的情景，自动识别、匹配和优化，为人类提供决策支持。所以，AI 技术也被大量应用在水质生物分析等更为复杂的工作中，在图像的自动识别、快速计算和分析方面将代替专业人员，实现对数据的分析和解读。

对于曾经困扰人类祖先世世代代的水患问题，如今 AI 技术终于给出了解决方案。

每个人都知道中国有条黄河。九曲黄河万里沙。在古老的黄河文明中，对河流的敬畏是不可或缺的一部分，河流被当作神来崇拜。殷商甲骨卜辞中就多有记载，其中有关黄河神祭祀的不下五百条。在祭祀中，人们常常把大量的牛、羊等物沉入河中，以示诚意。即便如此，黄河似乎并没有理会百姓的诉求，周期性的洪水泛滥几乎可以摧毁一切。

黄河的桀骜不驯终于引起了华夏祖先们的反抗。但人与水终究不是谁战胜谁的问题，有时候保护河流比驯服河流更重要。

如今，中国还有一条流"数据"的黄河，叫"数字黄河"。

为了确保黄河长久安澜，单凭人类积累的经验是远远不够的。气候在变化，人类对生态的影响在变化，黄河会怎么变，谁也不知道。

从2001年起，中国开始"挖掘"这条"数字黄河"，利用遥感、数据收集系统、全球定位系统、地理信息系统、网络和多媒体技术、现代通信等高科技手段，为黄河流域的资源、环境、社会、经济等各个复杂系统构建数字化、数字整合、虚拟仿真的信息集成应用系统，并提供黄河问题决策支持的可视化表现。

"数字黄河"分为三个层次：第一个层次，是以数据采集、传输、存储等为主要内容的基础设施；第二个层次，是以应用服务器中间件、数据服务等为主要内容的应用服务平台；第三个层次，是以防汛减灾、水量调度、水资源保护、水土保持等为主要内容的应用系统。对这三个层次的简单概括就是数据收集平台、模型计算平台和应用管理平台。

背后支撑"数字黄河"的，是海量的传感器数据、复杂的数学模型和强大的计算机处理能力。科技的进步让人类不再对自然束手无策。人类可以像医生一样，通过触摸黄河的脉搏，为黄河诊病，呵护它，照料它。黄河不生病，人类就免遭劫难。

如同医生要不断提高医术一样，"数字黄河"也在成长。近些年不断涌现的大数据、云计算、AI 等新技术，是"数字黄河"提高医术的新武器。这条"河"在人类的共同努力下必将越来越宽阔，越来越丰富，或许未来人类真的能完全破译出黄河的规律，人与黄河的故事也终将有和平共处的完美结局。

站在历史的时间轴上，人类与水暂时的和谐共处可能仅仅只是一支序曲，高潮即将来临。AI 技术或许是奏响高潮的第一个音符，在这一章，人类对水的理解、认知和管理可能都有颠覆性的变化，人与水的终极和谐也将徐徐走来。

给水体"减负"

风光秀丽的莱茵河曾经吸引了诸多作家和诗人。伟大的音乐家舒曼谱写了《莱茵河交响曲》，德国诗人海涅为它创作了浪漫之歌《罗蕾莱》。

作为西欧的母亲河，莱茵河发源于瑞士的阿尔卑斯山，流经瑞士、奥地利、法国、德国、荷兰等多个国家，不仅为两岸的人们提供了充足的饮用水，还是工业运输的大动脉。在20世纪工业化发展的大潮中，莱茵河边建起了诸多工厂，工厂的毒水肆无忌惮地向河里排放，污染物大量聚集。直至20世纪50年代，河里的鱼类近乎绝迹，莱茵河变成一条死河。

20世纪80年代，又一起事故重创了脆弱的莱茵河生态体系。瑞士巴塞尔附近的化学公司突然发生爆炸，含有大量硫、磷、汞等剧毒成分的1 246吨农药混合着百余吨灭火剂流入下水道，直接排进了莱茵河，毒水流经的河段有大量鱼类死亡。

纳米级的重金属离子会随着水流进入河床的底泥中，再继续渗入更深的泥土中，还可能进入地下水系统。一旦河水大面积污染，挖地三尺也不能补救。此次事故造成约480公里范围内的河水、井水受到污染，沉积在河底淤泥中的污染物缓慢地向水中释放毒素，造成水体的持续污染。莱茵河法国塞尔茨河段水质监测如图 3-2 所示。

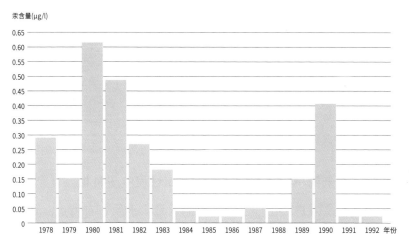

汞含量(μg/l)

图 3-2 莱茵河法国塞尔茨河段水质监测（数据来源：保护莱茵河国际委员会）

历史教训告诉我们，待事故发生再治理就为时晚矣，污水治理要从源头做起。现在污水处理和再生行业得到了空前的发展，各种灰色、黑色、彩色的脏水到污水处理厂走一遭，流出来便成了清澈见底的水，这一过程是如何做到的呢？

每个污水处理厂的处理工艺和使用的药剂存在差异，但实际上它们的工作原理和大自然对水的净化大体相同。沉淀、微生物、过滤是最常见的几个步骤（见图 3-3）。

首先，通过沉淀去除污水中悬浮的固体物质；其次，靠微生物和药剂去除水中的有机物；最后，再通过化学方法去除水中难以降解的有机物和可溶性的无机物。

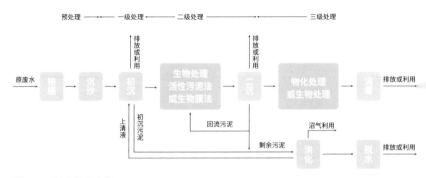

图 3-3 污水处理步骤

听起来简单的步骤，在实际操作过程中却是相当复杂的。每天从千家万户"出厂"的污水的水量、水质各有特点，作为污水接收端的污水处理厂如何及时并高效地处理它们呢？

让我们先想象一下我们每个"家庭"用水单元排放污水的水量：家庭 A 有对年轻的夫妻，他们工作忙碌，每天早出晚归，每天用水的时间可能是早上 6—7 点和晚上 8—10 点；家庭 B 上有老下有小，上午、中午和下午都有可能用水并排放污水；家庭 C 只有一位单身贵族，他一年到头经常出差，在家时用水，不在家时一滴污水都不产生……

城市里的每一个家庭都有自己的用水习惯，但是每一种规律叠加在一起，就没有了明显的规律。此外，城市中还有数不清的科研机构、商场、工厂、市政设施，它们排放的主要污染物各有特色，想要准确参透其中的规律更是难上加难。

水中污染物的种类相当多，物理的、化学的、生物的、非生物的。光人类粪便排出的病毒就达 100 种以上，目前水源中可检验出的化学污染物已达 2 000 种以上。面对 10 种或 20 种同样黝黑又有光泽的污水，需要通过实验来摸清本地污水排放的规律，并从水量、水温、主要污染物的浓度入手，进行观测并绘制各种曲线图。如果不能准确估计污水处理厂收集的污水的量和性质，工人们如何控制污水处理厂的正常运行？

我们用大家比较熟悉的餐馆来形容污水处理厂的工作模式。

每个餐馆都需要厨师、服务员，也需要估算客人的数量来备菜。客人少的时候，如果有太多的厨师和服务员，还打开所有的炉子同时炒菜，那样绝对不经济——费火、费电、浪费人力；客人多的时候，如果没有足够的人手、足够的菜和足够的炉子，上菜不及时，就不能给客人提供最好的服务。污水处理厂也是如此，污水量少的时候需要合理控制整体的水费、电费、药剂等材料费，污水量多的时候要保证及时处理所有污水。

各位朋友，请理解我们为什么一直在提钱的问题，因为运行一个污水处理厂确实需要很多的资金。污水处理厂的运行费用不只包括了人力成本、药剂成本、消毒成本和管理成本，还包括大量的电费、设备维护成本、设备大修成本、污泥处置成本等，种类繁多（见图 3-4）。

以北京市一个日污水处理能力为 4 万立方米的污水处理厂为例，它的年运行费大约为 1 000 万元，处理费用大约是 1 元 / 立

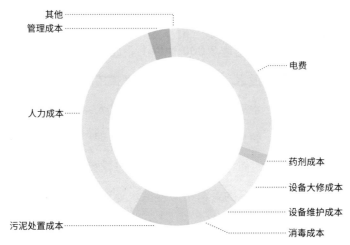

图 3-4 典型污水处理厂的成本组成

方米。只要有人生活的地方就会排放污水，北京市一年的污水排放量大约有 20 亿立方米，而全球一年的污水排放量大约有 4 000 亿立方米！全球每年在污水治理上的投资不容小觑。

如何最大限度地节约污水处理厂的运行成本、提高其工作效率？这正是 AI 技术大展拳脚的战场。

加拿大 EMAGIN Clean Technologies 公司自主研发了虚拟智能自适应控制系统（Hybrid Adaptive Real-Time Virtual Intelligence, HARVI）。HARVI 系统可以通过 AI 技术对历史数据进行分析，探寻污水进水水质、处理完的出水水质以及污水处理厂原有各项投入之间的关系。那些看似没有规律的"短路版"心电图，实际上还是有很多规律的——天气变化、人们的工作和生活作息等均有迹可循。只是我们需要一个高速运转并乐此不疲的大脑，对污水收集区的人群结构、工厂数量、污水类型进行长期并且细致的分析。居住社区洗浴废水的排放集中在晚上，厕所和厨房洗碗废水的排放则大多集中在早上6：00—7：00和晚上6：00—10：00。污水排放也呈现季节性特点，雨季时城市污水排放量会猛增，雨季中不同时期的水质也有所区别。久旱之后第一场雨水的水质与其他时候不同，需要特殊对待，它包含了旱季城市地面的各种污染物。而随后的雨水会增加污水排放量，但是污染物的浓度与雨季初期相比会有所降低。

除去污水水源的变化，污水处理厂内部也有很多变化因素影响到成本，比如电价。我们在日常生活中开电灯、电视可能觉得用不了多少电，但是污水处理厂在处理污水的每道程序中都会用到电。在中国，污水处理厂的耗电水平在0.2～0.3千瓦时／立方米，深度处理的再生水耗电约0.5千瓦时／立方米。在美国，污水处理厂的用电量约占全社会总用电量的3%。这笔巨额电费也是污水处理厂必须承担的成本。电价和电费的计算又是一个相当复杂且需要精确到小时的计算过程。目前很多地方都采用了峰谷分时电价（见图3-5），早晚用电高峰的电价大约比平时的电价贵一倍，低谷电价又比平时的电价便宜一半。因此，单单考虑电价的波动，污水处理的时间不同，电费的成本最多可相差2倍！

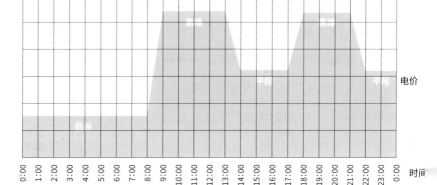

图 3-5 峰谷分时电价

污水处理的每一个环节的优化，都是一个巨型方程式。整个系统的优化和控制，需要强大的、系统的神经中枢。HARVI智能平台通过它不知疲倦、热爱学习的"大脑"对输入和输出数据的关系进行分析，发现其中深藏的规律，并对未来 24 小时的污水排放情况进行预测。知识就是力量，根据预测的结果，污水处理厂的工程师们就可以更好地应对突发事件，轻松实现实时、智能的运行决策和管理。

"数字水"

"数字水"（digit water）是指使用基于软件的工具（如数据分析、可视化和预测分析），基于追踪水质、压力和流量的传感器等技术来进行管理的水，也可以称为"智能水"。而利用AI、机器学习和新的数据分析技术，可以为水务行业的价值链带来更高的效率和更大的弹性。

由于生活用水的便利性，直接打开水龙头就可以获得干净的水，我们理所当然地认为水很容易获取。但是从不断变化的气候、老化的基础设施，再到日益增长的用水需求，取水、供水、制水、输水、污水排放、再生水回用等水循环的各个环节都早该进行技术改造了。

比如，公共管网漏损就会造成市政用水的巨大浪费。日本东京、荷兰阿姆斯特丹、德国柏林等城市的公共管网漏损率在5%左右，英国伦敦、美国迈阿密和费城等发达城市的公共管网漏损率均超过20%。而中国城镇的公共管网漏损率约为12%，2020年会控制在10%以内。在基础设施较老的国家，公共管网漏损率更高。

另外，水管爆裂也是城市供水管网的常见问题，压力变化、水量波动等都会导致管道爆裂。但供水管网通常埋在地下，很难监测到，尤其是一些小的渗漏，可能常年渗漏也不易发现。

而AI在识别和减少渗漏方面可以起到更好的效果。

加拿大滑铁卢大学的研究人员与行业合作开发了一种基于先进信号处理技术和AI技术的软件，它可以通过水管的声音侦测出有泄漏迹象的管网，而侦测水声的传感器只需安装在消火栓中，不需要挖开道路下的管道。通过及早发现管道的微小泄漏，可以防止以后爆管带来的高昂损失。

这项监测技术事实上是采用了机器学习中的半监督分类方法，研究者通过实验采集阀门开启和关闭、管道泄漏和无泄漏等不同场景组合下的水声信号，采样频率为 1.35kHz，数据收集时间长达 2 分钟，间隔为 10～30 秒，数据收集持续一个月，目的是确保捕捉到数据中的大多数变化，并防止因数据量不足导致的过度拟合问题。

研究者通过单类支持向量机（One-Class SVM，OCSVM）对水声信号进行半监督分类，将高斯径向基函数作为核密度函数，从而成功识别出泄漏和无泄漏管道水声信号的差异，并且区分了漏水信号和供水系统中的其他噪声。目前，这项技术仍处于实验室阶段，还未真正投入企业实际运行，但它在侦测地下管网微泄漏方面存在巨大的应用潜力。

以色列 WINT（Water Intelligence）公司则将 AI 技术用于家庭住宅建筑管网泄漏的监测，系统使用 AI 技术监测家庭管网的泄漏，既节约用水，又能防止对建筑物的破坏。从水龙头、厕所到隐藏的管道和水塔，平均泄漏水量高达 25%～30%。通常，一个有 100 个厕所坑位的建筑物在任何时间点都会有三个泄漏阀，仅这一项每年就需要 30 000～40 000 美元的水费。

WINT 公司基于 AI 技术解决方案，首先通过在整个建筑物内安装水监测设备来识别正常的用水模式；然后系统开始使用机器学习来理解和分析本地流量模式，在学习过程中还会考虑地点和季节因素；最后待学习完成时，将设备与云处理器进行通信，监测设备就可以实时监测管网流量，一旦监测到水量异常，就会在智能手机上向员工发出警报，帮助员工查明泄漏的具体位置和严重程度，并且当系统监测到管网出现严重泄漏或爆裂时，阀门会马上切断供水（见图3-6）。

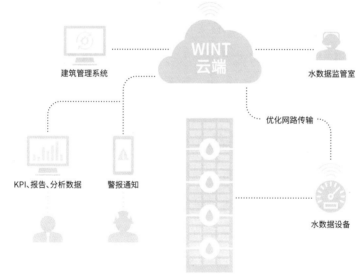

图3-6 通过机器学习确定正常水量并检测异常情况（图片来源：WINT 公司）

WINT 公司的系统已经在多个国家应用，在美国、澳大利亚都有相关业务。内华达州的 Atlabtus Casino Resort Spa 每月使用 650 万加仑水，自从应用 WINT 公司的系统后，用水量减少了 25%，在削减成本的同时也在保护地球上最宝贵的水资源。

智能配水

如果你看过电影《第五元素》，一定会惊叹电影中对未来巨型城市的构想。尽管这部电影上映于 1997 年，但其对未来城市的想象在今天看来依然超前，密集的摩天大楼、拥挤的城市交通、庞大的人口数量都让人惊叹不已。

事实上，在现实世界中，人口也在向大城市集中，中心城市的规模会越来越大，形成一个个超大型的都市圈。比如，东京都市圈集聚了日本 32% 的城市人口，首尔都市圈集聚了韩国 24% 的城市人口，伦敦都市圈集聚了英国 23% 的城市人口。

人口的集聚有利于提高经济发展效率，但同时也带来了严重的资源环境压力。一个地区的降雨不会因为人口的增多而增加，远处的河流也不会主动流向大城市。怎么解决超大型城市的用水问题是未来城市发展必须要考虑的。

日本的东京、中国的北京、美国的加利福尼亚州，印度的孟买目前都正面临严重的水资源短缺问题。中国实施了南水北调工程，美国加利福尼亚州实施了北水南调工程，两个工程耗资庞大，也只能缓解少部分用水危机。目前，北京依旧缺水，加利福尼亚州也依旧缺水。

目前大多数缺水城市在利用完河道中的地表水后只能靠超采地下水维持供给，从而导致了严重的生态破坏，河道干涸了，森林退化了。更重要的是地下水恢复速度很慢，其中承压层的地下水恢复需要以数十年甚至数百年计。若地下水开采完，这对城市的供水来说几乎是灭顶之灾。

未来超大型城市一定是节约型城市，对水资源也一样，节水是超大型城市的必然选择。

水与石油、电力等能源不同，水具有再生利用的属性。对于一个家庭来说，淘米的水可以用来浇花，洗衣服的水可以用来拖地，还可以用来冲马桶。这是一个理想场景，假设我们每个人都这么做，城市确实可以节约很多水，但是仔细想一下：我们真的这么做了吗，还是只是偶尔心血来潮节约一次水，但大部分时候没有把节水当回事？

为什么呢？因为它不方便。我洗完衣服时可能并不需要拖地或上厕所，而把水储存起来则是一件耗费精力的事。另外，做饭需要用清洁的水，而冲马桶并不需要，但绝大部分家庭只有一套供水管网，冲马桶同样用高标准的自来水。这只是家庭的情况。对于工业来说也是如此，不是所有的环节都需要干净的水。那么是否可以尝试在城市实行分质供水？

如同城市的交通一样，用水也分高峰时段和低谷时段，不同时段有不同的用水需求。假如我们有一套复杂的城市供水管理系统，这套系统不仅有供水调度系统，还掌握整座城市运行的大数据，从而为每个时段的用水信息，即需要的水量、水质、用途和排放情况建立精准的预测模型。

那么我们未来的城市生活是否会出现下面这种场景？

从一天的早上开始，最早起床的那一部分人开始洗漱或洗澡，这部分人洗漱或洗澡后的水会进入附近的一些简易处理设施中，经过简单的过滤、除臭、杀菌等工艺，智能调度系统会根据处理的水量，将其自动匹配到附近的小区中。第二批起床的人就可以利用简易处理过的水来冲马桶。

依此类推，如果还有剩余的水，智能调度系统会将水分配到需要绿化的公园或者市政的洒水车中，这些水又可以用来做市政绿化。如果今天不需要绿化，这些水会被分配到附近的写字楼中，第一批上班的人可以用它们来做保洁或者冲马桶；如果本区域的水不够用，那么其他区域的处理水会被调度过来补充水源。

除了在写字楼上班的人，还有一部分人会走向生产产品的工厂。在工厂里，最耗水的环节一个是冲洗，另一个是冷却。对于冲洗水，如果水中不含有害物质，智能调度系统则将水分配到附近的提纯水厂，将水过滤提纯后循环使用；如果水中含有有害物质，智能调度系统则将水分配到专业的水处理厂进行无害化处理。对于处理完的水，智能调度系统会根据水质的差异，将其调度到城市其他可以利用的部门。对于冷却水，其原理主要是利用液体水变成水蒸气的吸热过程，带走产品中的废热，智能调度系统会将冷却水与其他水混合调制成温度适宜的水，供城市酒店或家庭的洗浴用，洗浴用过的水又可以进入其他环节。

建立并运行这样一个复杂的城市供水调度系统，需要大量的用水信息和极其复杂的优化计算能力以及快速的系统响应能力，目前的信息量和数据计算潜力还没有充分发挥其作用。未来，AI技术的发展将打破信息孤岛，加速数据融合，从而整合出一套精细化的城市供用水信息，并融合AI数据处理技术，在超大型城市中实现水资源的优化调配，让每一滴水都发挥出最大的作用，最终未来城市缺水的问题将大为改善甚至被彻底解决。

每一条河都有自己的名字

"用户画像"毫无疑问是当前广告界最热门、最实用的技术。广告圈有句名言——"我知道广告费有一半浪费了，却不知道浪费的是哪一半"。以前的广告投放方式属于"撒大网，捕小鱼"，商家只能靠误打误撞赢得用户，而用户也只能在海量的广告中误打误撞地看到自己心仪的商品。

"用户画像"的出现解决了这一问题。企业利用个人留在互联网上的海量数据信息，通过数据挖掘技术准确描绘出用户的需求、习惯，然后精准地投放广告，可以显著地提高广告的收益。不管你是否愿意，也不管你是否会因为被触犯隐私而愤怒，在互联网上你的画像已经形成，甚至大数据下的"用户画像"可能比你更了解你。

作为个人，我们十分抵触隐私被侵犯；但是作为一条河流，它的"画像"可能是水文科学家梦寐以求的事情。

为了准确掌握和管理每条河、每个流域，"数字流域"工程应运而生。通过收集、整理河流流域范围内的地理环境、自然生态资源、人文景观、社会经济发展、用水情况等信息，通过综合平台进行可视化处理，流域空间信息体系被建立。

微软最近宣布了一项雄心勃勃的计划，也就是将水的数据数字化，具体包括：

1. 建立一个叫作 Perception Reality Engine 的平台，该平台将用于收集和分析数据，通过使用降雨量、地表水量、植物生长等数据绘制世界各地的水资源可用图，并生成实时画面，标记正在发生或可能很快发生危机的地方，以便更好地防范水资源短缺问题。

2. 淡水信托项目（The Freshwater Trust），利用卫星数据、作物生长和耕作方式的数据，应用机器学习来评估农业实践及其对水资源的影响，提供提高水资源利用率的有效解决办法。

3. 在美国加利福尼亚州，与当地非营利组织合作，利用 AI 技术来预测由于地下水变化和饮用水短缺而导致的油井故障，并利用这些信息来防止油井故障，改善水资源管理和规划。

此外，在美国，密西西比河流域已建成完善的自动监测和预警系统，其"数字流域"系统结合了气象、水文模型的模拟，已成为洪水预测的有力工具。

在中国，"数字长江""数字黄河"等工程应运而生，为流域的水资源管理和调度、水资源保护、水利工程建设和管理的精细化提供了强大的平台。

随着数据监测技术，包括遥感技术、地面观测技术、测绘技术，以及数据处理分析技术的发展，河流生成"画像"的条件也日益成熟。

卫星遥感技术通过监测地表能量和水量的变化特征，可以估算出区域的实际蒸发量，也可以估算出土壤的湿度、河流的流量等，但是目前的精度还有相当大的提升空间。同时，地面监测站点也越来越密集，通过对河流、植被、土壤的监测，能够积累海量的数据，还有人类对河流的干扰数据，如取水、排水过程，对下垫面的改造等。另外，获取精确的地形数据、基于卫星的地下水变化数据也都在蓬勃发展中。这些数据以目前常规的手段去融合还有很大的困难，依靠计算机去实现会是一个让人崩溃的过程，包括对卫星图像的解译等工作，还需要部分人工识别，这些都是目前亟须解决的问题。

大数据和 AI 技术的出现可能为不同水文数据的融合提供了关键的武器。在对大量原始遥感影像的专题数据的解译方法、海量特征数据之间隐含关系的挖掘、复杂巨系统函数组的求解等方面，AI 技术都将大有作为。

假设未来有一天我们能够像给用户绘制"用户画像"一样，给每一条河流绘制出"数字画像"，我们就可以做出准确的预报——区域会有多少降雨、什么时候有降雨、能够产生多少径流，从而使人类如何开发利用降雨、如何规避洪水、如何防范干旱等问题都得以解决，人类将不仅不再担忧水害，而且能更合理地利用水，维护一种更好的生态。

第四章

我们烧热了地球

火电厂，存在还是毁灭？

2019 年，我曾与联合国负责可持续发展的相关官员交流能源问题，他们一直认为清洁能源是未来的方向，这一点我也并不否认，但那是最理想的状态。问题是，如何让全球一下子实现传统能源向清洁能源的转化？在转化的过程中，必然有一个传统能源和清洁能源共存的阶段。作为 AI FOR FEW 系统解决方案的一部分，我认为我们可以应用 AI 技术更好地改造传统化石能源。

很多发展中国家是煤炭大国，煤炭作为主要的能源和重要原料，在一次能源的生产和消费中占据较大比重。尽管随着新能源技术的发展，火电建设投资呈现持续减少的态势，但火力发电在中国仍然占据重要地位。相较于其他能源发电，火力发电技术成熟，正在经历高速增长向高质量发展的阶段。在火力发电过程中，供能需要用水（见图 4-1），供水需要用能（见图 4-2），水 - 能网络如图 4-3 所示。

AI 技术的发展，为打造高质量燃煤的智慧火电厂提供了有力支持。自下而上来看，底层力图通过物联网设备，数字化、实时化地对发电企业进行管控；上层则通过算法优化发电效率，实现智能分析、远程诊断等综合管理。

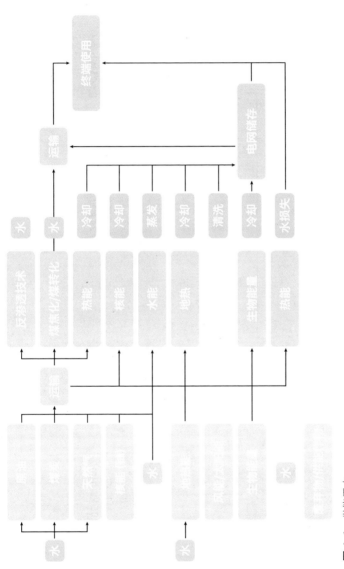

图 4-1 供能用水

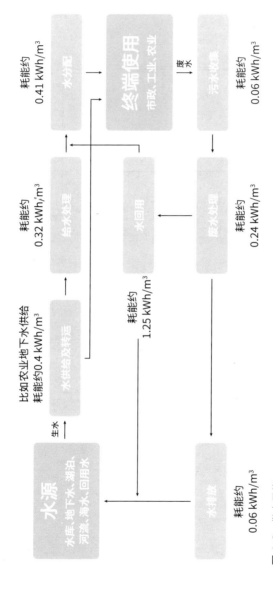

图 4-2 供水用能

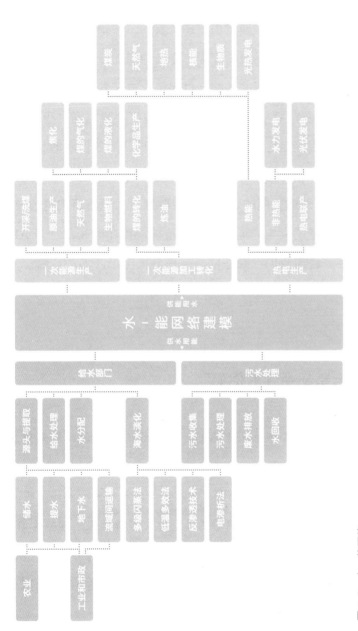

图4-3 水－能网络

具体来说，火电厂通常由煤场、锅炉、汽轮发电机、冷却塔、排烟装置等组成，具有庞大、复杂的基础设置，需要通过电厂系统、机组人员紧密的配合以保证火电厂安全，从而稳定地发电。而以 AI 算法为驱动的智慧火电厂，可以通过历史数据学习并掌握高效运行的策略。系统通过监测各仪表的状态，实时地给出符合规范并节约物力、人力的运作方案。未来，随着 AI 技术与燃煤火电的进一步融合，智慧火电厂将向更加安全、更高质量的发电方向发展，在传统能源中开拓出一条 AI 绿色之路。目前我们已经在欧洲与部分火电厂开展类似合作，前景可期。

"我们后辈都关注着你们"

我们后辈都关注着你们。如果你们选择让我们失望，我们永远不会原谅。

我不应该在这里演讲，我应该回到海洋另一端的学校，在那里我可以享受知识的美妙，感受碧海蓝天，领略大自然的美好生机。但你们用空话偷走了我的梦想和童年。你们无视人们在受苦的事实、忽视世人挣扎的景象。你们怎敢这样肆意横行、无所作为？

　　30 多年来，全球的生态系统正面临崩溃，我们正处于大规模灭绝的边缘。你们竟敢继续无视，你们宣称已经尽力了，我们却始终看不到你们的政治决心和解决方案。

　　你们说听到了我们年轻一代的声音，知晓事件的紧迫性，承诺将做出行动。但是，如果你们真正了解情况并且仍然不采取行动，那么我将拒绝相信你们的诺言。

　　这是在 2019 年 9 月联合国气候行动峰会上，来自瑞典的 16 岁姑娘格蕾塔·桑伯格（Greta Thunberg）督促各国加大行动力度，直面全球气候变暖等挑战的演讲。后来我听联合国前秘书长潘基文说，当时他也在演讲现场，听到这个小女孩对全球领导人不作为的控诉，他自己也感觉非常 "powerful"。相信我们大多数人都有同样的感受。

　　让我们简要回顾一下历史。能源是人类社会的物质基础。能源的开发利用，伴随着人类历史长河的每一个脚步，使人类从最初的蒙昧逐步走向现代文明。

　　在人类发展史上，从原始蒙昧时期至今文明已高度发达，人类对能源的利用不断升级，大致经历了以下几个阶段：柴薪时代、煤炭时代、油气时代、电力时代。

　　人类利用能源的不同阶段，总体上代表了人类文明进化的不同层次。

　　火的使用，让人类脱离野蛮而进入文明社会；煤炭的使用，让人类从农耕文明迈入工业文明；石油的使用，把工业文明装上车轮推广到全球；电的使用，推动人类步入现代文明。但时至今日，人们也不得不思考能源使用所带来的问题。

化石能源比新型冠状病毒更可怕？

2019 年，世界上有 700 万人死于空气污染。

世界卫生组织 2018 年提供的数据显示，每 10 人中就有 9 人呼吸含有高浓度污染物的空气。90% 以上的与空气污染有关的死亡发生在低收入和中等收入国家，主要在亚洲和非洲，其次在东地中海区域、欧洲和美洲的低收入和中等收入国家。

疫情之下，我们谈论了很多因新型冠状病毒而死亡的事件。这听起来可能很残忍，但截至目前，死于新型冠状病毒的人数远远少于每年死于城市污染的人数。我们在城市中使用的基于化石燃料的能源比新型冠状病毒更容易威胁人的生命。

我知道这是一个惊人的陈述，但这是事实。

你可以成为百万富翁，甚至是亿万富翁，但你仍然呼吸被污染的空气，和最贫穷的人没有差别。因此，当我们说，我们需要用清洁能源取代用来供暖和制冷的煤炭和石油时，不仅仅是因为气候，不仅仅是因为环境，更是为了拯救生命，让孩子们在没有肺部疾病的环境中长大，让人们活得更长久、更健康。

历史上的种种事件已经表明，如果我们不在空气污染方面采取紧急行动，我们将永远无法做到可持续发展。

1952 年 12 月 5 日至 9 日，伦敦被黑暗的迷雾所笼罩，马路上几乎没有车，人们小心翼翼地沿着人行道摸索前进。大街上的电灯在烟雾中若隐若现，犹如黑暗中的点点星光。

当时，伦敦空气中的污染物浓度持续上升，许多人出现胸闷、窒息等不适感，发病率和死亡率急剧上升。在大雾持续的 5 天时间里，据英国官方统计，伦敦市的死亡人数达 4 000 人，平均每天死 800 人。当 12 月 9 日有毒烟雾散开后，酸雨降临，雨水的 pH 值低至 1.4～1.9。酸雨之后浩劫并没有停止，两个月后，又有 8 000 多人陆续丧生，这就是环保史上著名的伦敦烟雾事件。

伦敦烟雾事件的凶手主要有两个：冬季取暖燃煤和工业排放的污染物是元凶，"逆温"现象是帮凶。工业燃料及居民冬季取暖主要使用煤炭，煤炭在燃烧时会生成水、二氧化碳、一氧化碳、二氧化硫、二氧化氮、碳氢化合物等物质。这些物质排放到大气中后，会附着在悬浮颗粒物上，凝聚在雾气上，进入人的呼吸系统后会诱发支气管炎、肺炎、心脏病。当时持续几天的"逆温"现象，导致空气流通性很差，加上不断排放的烟雾，使伦敦上空大气中的烟尘浓度达到平时的 10 倍，二氧化硫的浓度是平时的 6 倍，整个伦敦犹如一个令人窒息的毒气室一样。

在此后的 1956 年、1957 年和 1962 年，伦敦又连续发生了多达 12 次的严重烟雾事件。直到 1965 年后，烟雾事件才得以控制。

无独有偶，美国也发生过夺命的环境污染事件。

洛杉矶位于美国的西南海岸，西面临海，三面环山，是个阳光明媚、气候温暖、风景宜人的地方。早期金矿、石油和运河的开发，加之得天独厚的地理位置，使它很快成为一个商业、旅游业都很发达的港口城市。

从 20 世纪 40 年代初开始，人们就发现这座城市一改以往的温柔，变得"疯狂"起来。每年从夏季至早秋，只要是晴朗的日子，城市上空就会出现一种弥漫天空的浅蓝色烟雾，使整座城市的上空变得浑浊不清。这种烟雾使人眼睛发红、咽喉疼痛、呼吸憋闷、头昏、头痛。1943 年以后，烟雾更加肆虐，以致远离城市 100 千米以外的海拔 2 000 米高山上的大片松林也枯死，柑橘减产。仅 1950—1951 年，美国因大气污染造成的损失就达 15 亿美元；1955 年，因呼吸系统衰竭死亡的 65 岁以上的老人达 400 多人；1970 年，约有 75% 以上的市民患上了红眼病。这就是最早出现的新型大气污染事件——洛杉矶光化学烟雾事件。

洛杉矶早在 20 世纪 40 年代末就拥有 250 万辆汽车，每天大约消耗 1 100 吨汽油，排出 1 000 多吨碳氢化合物、300 多吨氮氧化合物和 700 多吨一氧化碳。另外，炼油厂、供油站等也燃烧排放化合物，这些化合物被排放到洛杉矶上空。

碳氢化合物和氮氧化合物被排放到大气中后，在强烈的阳光紫外线照射下，吸收太阳光所具有的能量。这些物质的分子在吸收了太阳光的能量后，会变得不稳定，原有的化学链遭到破坏，形成臭氧、过氧乙酰硝酸酯等毒性更强的物质。这种化学反应被称为光化学反应，其产物为含剧毒的光化学烟雾。加之洛杉矶三面环山的地形，光化学烟雾扩散不开，停滞在城市上空，形成严重污染。

除烟雾事件外，美国酸雨问题尤为严重。化石燃料燃烧排放的二氧化硫与氮氧化物在空中遇到雨、雪、雾及湿气后形成酸雨或其他酸性沉降物，降落到地面。20 世纪 50 年代以来，美国北部与西部地区的酸雨危害特别严重，除了污染美国本土外，酸性沉降物还随风飘浮到加拿大境内，致使美国北部、西部和加拿大境内不少地区的雨雪 pH 值低至 3.5 ～ 4.5。

我们的目光再转向亚洲。

环境污染也是中国这个古老国度需要面对的问题。高度依赖煤炭的粗放低效能源发展方式，不仅导致资源大量浪费，而且造成了极为严重的环境污染。如何实现能源清洁发展，是中国当前及今后一段时期生态文明建设的"瓶颈"所在。化解这类问题，将伴随中国现代化建设的全过程。

一方面，化石能源的高强度开发造成中国土地塌陷、地面沉降、水土流失、废弃物堆放、植被破坏、重金属污染等严重的区域生态环境灾害；另一方面，中国的二氧化硫、氮氧化物、烟尘、人为源大气汞的排放量以及可吸入颗粒物的浓度长期居世界首位，绝大部分来自化石能源燃烧。能源开发利用成为造成中国环境污染和生态恶化的重要原因。

一方面，煤炭开发利用是中国常规污染物排放的主体，也是中国最大的空气污染源，制造了85%的二氧化硫排放量和67%的氮氧化物排放量，产生了70%的悬浮颗粒物。煤炭开发利用也向环境释放了巨量重金属污染物。这个问题在多年前尤为严重。初步估计，2013年在煤炭开发中通过矿井水带入周边环境的总铬、总铅、总砷、总镉、总汞排放量分别达4 674吨、3 116吨、1 558吨、312吨和156吨；煤炭燃烧将6.75万～18.66万吨铅、2.38万吨砷、3 215吨镉和873吨汞带入大自然，煤炭燃烧利用产生的重金属污染物占煤炭开发利用的90%以上。

另一方面，工业小锅炉、家庭取暖、餐饮用煤等煤炭分散燃烧利用，无法与火力发电一样采用环保装置脱硫、脱硝和除尘。据中国国家发展改革委员会能源研究所估计，2013年煤炭分散燃烧量占中国煤炭消费总量约 20%，却产生了 80% 左右的燃煤污染排放，相当于能源开发利用常规污染物排放的 50% ～ 70%。

2019 年，中国人均 GDP 已经达到 10 000 美元，中国进入跨越中等收入陷阱的关键期。按照发达国家的发展历程，该时期是生态环境矛盾集中爆发期。因此，消除能源发展带来的环境损害，已经时不我待。

后发国家如印度，其发展阶段还处于应对能源环境问题的前期，暂未到能源环境问题的大爆发阶段，但是随着这些国家成长空间的扩大、经济社会发展对能源消费的增加，能源环境问题可能会提前爆发。因此，提前谋划可能的预防和解决方案，不仅有利于印度等国家的清洁发展，而且有利于全球能源绿色、清洁发展。

问题得到正视，但还远远不够

酸雨、光化学烟雾事件终于敲响了美国的警钟。为了减轻能源产生的污染，特别是能源对大气的污染，美国进行了一系列立法，通过立法推动大气污染治理，最终形成能够有效应对大气污染、保证空气质量的法律及配套措施体系，如表 4-1

所示。

表4-1 美国空气污染立法历程

时间	法律	时间	法律
1955	《空气污染控制法》	1970	《清洁空气法》
1963	《大气净化法》	1971	《国家环境空气质量标准》
1967	《空气质量控制法》		

1955年，美国历史上第一部统一的空气立法《空气污染控制法》通过，该法律将联邦政府定义为辅助角色，试图通过为各州提供联邦资金支持来防治空气污染。因为执行力度有限，《空气污染控制法》实际上并未从根本上改变空气污染持续加重的趋势。此后，经过数次立法，直至1970年最终形成了《清洁空气法》（Clean Air Act）。《清洁空气法》授权美国环保局制定了《国家环境空气质量标准》。标准分为两类：初级标准，是为了保护人体健康所必须达到的大气质量水平，要求在颁布后三年内达到；二级标准，是为了防止谷物、蔬菜等遭受损失和建筑物遭受腐蚀的大气质量水平。

基于《清洁空气法》，美国制定了大气污染管理框架，同时实施基于市场机制的大气污染物控制政策。

1990年11月，美国国会通过了《清洁空气法修正案》（Clean Air Act Amendment）。《清洁空气法修正案》涵盖了从污染物排放标准到酸沉降控制6个部分，并授权美国环保局通过实施基于市场机制的大气污染物控制政策，全面削减造成区域型污染（如酸雨、PM2.5 等）的大气污染物排放。此后的20 年间，美国通过实施污染物征税、总量控制、排污交易制度等，极大地促进了电厂和大型工业锅炉减排二氧化硫，有效治理了酸雨。

尽管人类积极采取举措遏制因使用化石燃料能源带来的环境污染问题，但现行方案并不能使全球环境污染这一难题得到根本解决。如今，地球气候变暖已是不争的科学事实，对人类生活的影响显而易见。

因此，共同应对气候变化、推动减排是发展大势。面对全球气候变化这一挑战，主要发达国家正在加速推进能源低碳转型战略。

进入 21 世纪以来，基于已经基本解决了本国能源安全问题和清洁发展问题，主要发达国家开始引领低碳发展议题并积极开展讨论，纷纷发布与低碳发展相关的能源政策。

英国于 2003 年发布《我们未来的能源：创建低碳经济》；2006 年，日本提出"核能立国计划"，提出将核电比重提高到 40%，尽管受福岛核事故影响，"核能立国计划"成为泡影，但低碳发展已经成为日本全社会的共识；美国于 2007 年发布《2007 能源独立和安全法案》；2009 年金融危机后，欧盟也提出进一步推动可再生能源发展计划，制定更高的能效目标，在整体上确定了能源低碳化的社会目标，并通过法律形式确定低碳化为长期发展方向，并于 2011 年 12 月发布"2050能源路线图"，提出欧盟到 2050 年碳排放量比 1990 年下降80%～95% 的目标及实现路径；德国制定能源转型战略，提出到 2050 年使可再生能源占到终端能源消费的 60%、使可再生能源发电量占到总发电量的 80% 等目标。这些均表明主要发达国家正集中应对低碳发展问题。

此外，主要发达国家积极抢占能源技术进步先机，制定各种政策，寻求替代能源的经济性解决方案，完善碳税、碳交易机制等，推动能源发展转型，提升国家核心竞争力。包括中国在内的发展中国家也越来越重视应对此类问题，低碳减排已成为长期的政策目标和战略取向。

政府和企业充分意识到，当前应对全球气候变化已经成为全球共同话题，推动能源全球治理、建设地球生态文明和促进全球低碳发展已经在路上。

以中国为例，其低碳产业甚至具备全球竞争优势。中国在主动应对温室气体减排、推动低碳发展、减缓全球气候变化的同时，还不断挖掘巨大的引领发展机遇。因此，对于《巴黎协定》，中国与各国一道，提出自主贡献低碳发展目标（力求将温升控制在 2℃ 范围以内）。不仅如此，中国的研究机构还参与全球更具雄心的 1.5℃ 温升控制目标研究，提出到 2050—2060

年实现零碳排放的情景、路径与设想。中国通过推动低碳技术和低碳产业发展，不仅可以引领新一轮的能源技术革命，还可以培养产业和经济新增长点，既可助力国家发展转型和中华民族伟大复兴，又可主动应对全球气候变化，有序实现温室气体减排目标。

数字电网：准备好接纳"风光电"了吗？

当前的能源革命，主要包括能源供给革命和能源消费革命，如果我们能从这两个角度着手，带来的将是真正的能源革命。

当我们以 FEW 的思路来考虑能源的系统解决方案时，首先要问：我们的电网是否已经为清洁能源做好了准备？

电能是一种高效、清洁且容易控制和转换的能源形态，是需要发、供、用三方共同保证质量的特殊商品，也是当代人类文明的基石。随着社会经济发展，用电需求不断增加，电网结构越来越复杂，并形成了骨干电源与分布式电源结合、主干电网与局域网和微网结合的格局。然而不断增加的用电负荷、持续增长的输电线路、线路的短路和故障、直流振荡闭锁、输电阻塞、低频振荡等问题，都对输电环节，特别是负荷密集的电网的安全稳定运行造成了极大压力。

为了应对全球气候变化及响应《巴黎协定》的号召，世界主要国家均大力推动本国的能源革命，其中大力发展可再生能源是主要的转型路径。风能、太阳能等可再生能源的大量接入也让电网雪上加霜。以风能、太阳能为代表的可再生能源的供应水平极大地受到天气、温度等变化的影响，具有很强的不确定性、显著的波动性、间歇性。电力需要发、供、用三方共同保证质量，因此常规电源不仅需要满足用电负荷需求，还要平衡可再生能源发电出力带来的波动，以应对可再生能源给电网带来的不确定性。

然而当前的电力系统建设仍然延续传统以火电为主的发展模式，对可再生能源发电出力预测方法缺乏系统级综合考虑，部分时段预测误差甚至超过 50%，造成系统很难完全跟踪可再生能源发电出力，对于日前调度等产生了较大影响。面对风能、太阳能的大规模接入，传统电网、电站等配套基础设施建设严重滞后，灵活性严重不足，消纳水平有限，外送通道狭窄，外送能力不足，已经不能满足大规模接纳风能、太阳能的需求。

近年来，随着电网数字化和信息化技术日渐成熟，发、输、配、用各环节数据均得到有效采集，数据量与日俱增。然而面对海量的电力数据，传统技术已无法满足数据处理需求，更不能深入挖掘数据价值，因此 AI 技术和大数据技术应运而生。

相比传统数据，大数据具有数据量增长快、维度多等特点，能够为预测性分析提供依据（见表 4-2）。

表 4-2 传统数据与大数据的差异

	传统数据	大数据
数据量	GBTB	TBPB 以上
速度	数据量稳定，增长慢	持续实时产生数据，年增长 60% 以上
多样性	结构化	结构化、半结构化、多维数据、音视频
价值	统计和报表	数据挖掘和预测性分析

AI 技术和大数据技术相结合，可以将先进的传感量测技术、信息通信技术、分析决策技术、自动控制技术与电网基础设施高度集成，共同推动电网体系的变革。除了能对电网进行实时监控和检测、保证系统的安全运行之外，AI 还能进一步挖掘历史数据和实时数据，有利于电网诊断、优化和预测，提高电网的控制水平和资源优化水平，挖掘电网运行规律，从而保证电网运行的安全性、可靠性和经济性。此外，将 AI 和大数据结合，还能促进可再生能源接入，为清洁能源发展做好准备。

运用 AI 技术，我们能够更好地保障可再生能源消纳，挖掘新能源发展潜力。伴随技术的融合，AI 技术和大数据技术已经在可再生能源消纳领域得到了一定应用，并取得了显著成效。

首先，AI 技术可以"捕风捉影"。

当前传统可再生能源发电出力预测方法由于缺乏系统级综合考虑，其预测误差部分时段甚至超过50%，对日前调度等产生了较大影响；同时受目前电力系统常规机组最小技术出力和爬坡约束，较大的预测误差往往造成系统很难完全跟踪可再生能源发电出力，从而难以保障可再生能源有效消纳。风电场的特殊地理环境，其带来的物理现象（如尾流效应、地转风等）通常难以被精确描述。而AI技术和大数据技术基于区域观测数据、机组运行数据、气象数据、地理信息数据四人类动静态风电数据资源，利用Hadoop等成熟技术，搭建海量数据环境下的数据挖掘算法和行为分析框架，实现TB、PB级的大数据处理能力，预测精度在沿海地区达到90%以上，在内陆省份达到80%左右。在光伏出力预测方面，基于大数据建立光伏电站功率预测模式，联动数值气象预报，可精细化考虑沙尘、雾霾对太阳辐射的影响，超短期预测精度达到95%，短期预测精度达到90%以上，中长期预测精度在80%以上。

其次，AI技术可以灵活调配电力资源。

在发电侧，通过挖掘电力大数据、优化电力系统的生产运行方式，能够更好地释放系统灵活性调节能力，增加灵活性调节空间。在需求侧，通过结合用户用电负荷感知来挖掘电力市场负荷的灵活性，增加灵活性调节空间。在电网侧，智能电表和智能用电设备的普及为准确把握用户级负荷变化规律提供了数据基础。目前已实现通过大数据技术进行负荷聚类和用户分类分析，挖掘用户数据之间存在的关联性和相似性，帮助电网了解用户的用电行为习惯，并结合 AI 技术实现对负荷的精细化预测。

再次，AI 技术的作用不限于此。借助 AI 技术，可以有效促进电网安全稳定运行。

当前 AI 技术和大数据技术在电网安全控制、输配调度、工业巡检等领域得到了一定应用，促进了电网的安全稳定运行。目前主要通过对电力调度领域的运行数据、设备数据、规程规定、事故预案和报告等数据进行建模，构建电力调度领域基础标签库，在此基础上利用文本挖掘、关联分析、实体抽取、关系抽取等技术，实现电网故障处理大数据的融合和沉淀，为调控运行人员提供故障处理的智能化支撑。基于大数据技术构建的专家系统可根据领域专家提供的知识和经验进行推理和判断，通过模拟专家的决策过程来解决电网故障诊断方面的问题。另外，通过充分发掘电网故障处理多元异构数据的价值，还能丰富事故判断与事后恢复决策手段、提升电网调控人员对电网事故的处理能力。

最后，AI 技术还能助力基于电网故障知识图谱的智能运维。

应对愈加复杂的电网运行形势，调度运行控制通过利用事前、事中、事后全过程的智能技术支撑手段，已实现电网故障处理的智能转型。

调控人员通过将经验提炼为知识，形成故障知识图谱，并结合 AI 技术，可主动、快速、全面掌握故障处理的关键信息，为故障处理提供相应的辅助决策，从而有效控制电网事故的发生和发展。目前同步相量量测装置（Phasor Measurement Unit, PMU）在电力系统中运用广泛。基于 PMU 数据，利用大数据技术和深度学习方法，已实现实时故障线路识别，其适用性强、结果可靠。

从"consumer"到"prosumer"，每个人都可以"智慧用能"

接下来我们要看，在需求侧管理上，AI 技术可以为我们的能源供应体系做些什么？

随着技术与电力改革进程的加快，用能企业对于自身的能源管理意识增强。同时，用户侧新能源、储能的兴起，使许多用能用户不再只是能源的消费者，也是能源的供应者，从"consumer"转变为"prosumer"。智能化的配用电监测系统和能源管理系统，能实现对用户侧能源系统的监测、维护和优化，降低用能成本，同时针对电网需求或电价信号，能实现需求侧响应和进一步降低用户用能成本。有研究指出，仅仅使用能用户能够可视化了解企业的用能情况，用能用户就能做出10%的节能优化决策。

目前，我们基于微信就可以建立生活用电的统一数字化管理平台。腾讯智慧建筑管理平台基于物联网操作系统，可为建筑内的硬件、应用、服务等资源提供物联、管理、数字及智能服务。综合管理运营系统可以提升用电效率和用电服务品质，同时对用电管理进行对应的智能优化。

在需求侧，需求侧管理作为智能电网中重要的功能之一，可以让用户对其能源消耗做出明智的决策，并帮助能源供应者减少高峰负荷需求，重塑负荷曲线。这样可以增强智能电网的可持续性，降低整体运营成本和碳排放水平。传统能源管理系统中现有的需求侧管理策略大多采用系统特定的技术和算法，只能处理有限数量和有限类型的可控负载。

目前，智能设备为准确把握用户级负荷提供了基础。通过结合用户用电负荷感知来挖掘电力市场下负荷的灵活性，可以增加灵活性调节空间。隐马尔可夫模型、聚类算法、遗传算法、机器学习等 AI 技术在负荷辨识、多用户协调控制、错峰控制等方面有很好的应用。此外，在电力市场不断发展的背景下，还能够不通过调节常规电源出力，转而利用市场手段使得一部分用户主动削减或者增加负荷，从而平抑发电侧出力变化，实现通过需求侧管理优化系统调度运行。

在预测分析层面，能源供应者需要尽可能准确地预测需求变化、系统过载和可能出现的故障，因为在能源领域出错的成本非常高，因此迫切地需要能源供应者改进其预测分析方法，以降低成本、节约电力、提高可再生能源利用水平，为不断变化的环境做好准备，从而为用户提供更好的服务。

第五章

从食物开始重构地球

给植物套上"运动手环"

大家知道我率领的腾讯探索团队花费大量时间思考哪些是影响人类发展的根本性问题，以及如何在全球范围内寻找解决根本性问题的突破性技术。即使在腾讯内部，我们团队在探索未知领域方面也更为激进。2017 年我投资了总部位于以色列特拉维夫的农业科技初创公司 Phytech，投资的初衷也在于 AI FOR FEW 的理念：人类在农业生产上的压力越来越大，耕地面积减少、过度施肥侵蚀表层土壤、水土流失问题凸显、农民毛利润下降，这些都成为未来农业的现实困境。而 Phytech 的技术或许可以让我们向摆脱困境的方向前进一小步。

Phytech 是全球领先的农业物联网技术提供商，通过为农户的庄稼安装传感器，检测农作物生长以及周围土壤湿度、温度等环境信息。每个传感器可以读取当前区域数平方米范围内的数据；多个传感器形成阵列，则能全面了解农作物生长区域内的情况。该平台同时引入机器学习实时分析数据的功能，并在农作物的变化尚未显性化之前提前预测，形成灌溉建议，再通过移动平台向农户推送。通过和 Phytech 的客户交流，探索团队预计该技术能够减少农业灌溉用水量，并将农作物产量提高约 20%。通俗地说，这就好像你用运动手环记录步数和健康状况一样，你可以理解成 Phytech 发明了一款农作物运动手环，通过检测农作物数据，能够减少用水量、提高产能。这项技术对农户和整个地球的意义显而易见：产量更高、用水量更少、植物更健康。

让我感到兴奋的是它巨大的全球市场前景，包括它在中国的应用。传感器采用锂电池，持续工作时间可长达一年，利于农户控制成本。该技术主要用于水果和坚果等多年生的农作物（只需一次种植，播种后可连续收获多年），但也可以用于棉花生产。在以色列市场率先取得成功后，该技术已被推广至美国加利福尼亚州、澳大利亚、中东等市场。

如何让 100 亿人吃饱饭？

到 2050 年，全球总人口预计可达 100 亿。要让这么多人都吃饱饭，我们的食物产量就要创历史新高。

1974 年，世界粮食大会曾提出"在十年内消除饥饿、粮食危机和营养不良"的目标。然而直到现在，在许多发展中国家，贫困和饥饿问题依然存在。

联合国粮食及农业组织发布的 2020 年《世界粮食安全和营养状况》预计，2020 年全球食物不足人口将增加 8 300 万人至 1.32 亿人。联合国警告称，2020 年共有 25 个国家面临严重的饥饿风险，预计全世界将有 6.9 亿人处于饥饿状态。"我们的食品系统正在失灵！"联合国秘书长安东尼奥·古特雷斯对全球的食物安全隐患忧心忡忡。

与此同时，尽管全球人口增长正在放缓，但非洲和亚洲的人口增长强劲，导致未来食物需求仍将大幅增长。据联合国预测，到 2050 年世界人口将达到 100 亿，到 2080 年将达到 108 亿，到 2100 年将达到 112 亿。与 2015 年约 73 亿人口相比，未来这三个时期的人口将分别增长约 37%、48% 和 53%。

在人口因素的推动下，食物需求预计会显著增加。国际食物政策研究所对 2050 年全球食物的预测结果显示：从区域分布来看，未来的食物消费增长将发生在非洲、中东以及亚太地区（见图 5-1）。到 2050 年，全球三分之二的人可能生活在城市地区。而城市化和人口结构变化将改变食物需求的构成，不断变化的人口结构和人口空间分布将影响食物需求的变化。

挑战之大是前所未有的。我们只剩下 30 年的播种收割，就要迎来 100 亿人口大关。显而易见，如果我们想要养活地球上的人类，我们所熟悉的农业生产方式就要发生改变。

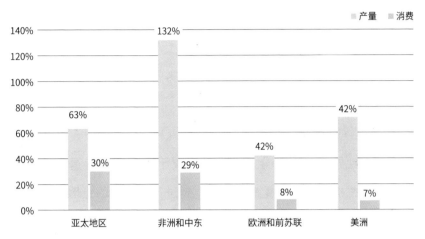

图 5-1 2050 年全球各地区食物产量和消费预测（图片来源：国际食物政策研究所，2017）

土地不能承受之重

　　1934 年 5 月 11 日凌晨，美国西部草原上空发生了人类历史上前所未有的黑色风暴。黑色风暴的袭击给美国的农牧业生产带来了严重的影响，使原本已经遭受旱灾的冬小麦大片枯萎而死，这在当时引起了美国谷物市场的波动，对经济发展造成了冲击。同时，黑色风暴一路洗劫，将肥沃的土壤表层刮走，露出贫瘠的沙质土层，使受害之地的土壤结构发生了变化，严重制约了受灾地区日后农业生产的发展。

　　北美的黑色风暴是大自然对人类文明的一次历史性警戒。

它的成因与人类对生态环境的破坏有关。人们过度开垦和放牧，毁坏了大片的森林和草原，致使水土无法保持，地表大面积裸露，造成了生态环境的破坏，在恶劣的气候条件下，便酿成了严重的自然灾害。

当前，农用地的扩张主要依赖森林砍伐（如图 5-2 所示），目前世界上约有三分之一的耕地属于中度至高度退化。事实上，农业和畜牧业覆盖了世界上超过三分之一的土地面积，其面积稳定在 49 亿公顷。在全球范围内，农业用地可扩张的面积已经接近极限，新的耕地大部分来自森林砍伐。自 1990 年以来，森林砍伐导致全球的森林面积减少约 42 000 万公顷。但近几年，森林面积减少的速度正在变缓，从 2010—2015 年的 1 200 万公顷下降到 2015—2020 年的 1 000 万公顷。此外，

图 5-2 遭受非法砍伐的亚马孙热带雨林

研究预测，到 2050 年，农用地仅有不到 1 亿公顷的增长空间。在 1961—2009 年的近 50 年中，世界的净耕地面积增长了 12%，即 1.59 亿公顷，主要是由自然生态系统转变而得，这种转变正在加速物种消亡和自然生态的破坏。

正如农夫诗人温德尔·贝瑞（Wendell Berry）所说："不论日常生活有多么都市化，我们的躯体仍必须仰赖农业维生；我们来自大地，最终也将回归大地，因此，我们的存在，是基于农业之中，无异于我们存于自己的血肉。"

然而，现代农业以近乎败家的方式对土地进行疯狂榨取，巨型农机的粗暴使用、野蛮的连续耕作等，都已致使土壤——地球的皮肤满目疮痍。

有研究者基于美国农业部水土保持局公布的数据做过形象的描述：假如将美国每年流失的地表土装入火车车厢，这列火车的长度将绕地球 18 周。印度的情况则更为严重，自 1970 年开始，印度有三分之一的土地成了不毛之地。

除了对森林的滥砍滥伐导致土地退化问题严峻，化肥的过度使用也不容忽视。虽然绿色革命和集约化促进了生产，但是化肥的使用给土壤、大气、水等自然环境造成了巨大压力，加剧了土地退化和污染。

生物多样性和生态系统服务政府间科学政策平台发布的报告显示：全球土地退化现象严重，目前地表 1/4 的区域未受人类活动的重大影响，预计到 2050 年，估计只有 1/10；湿地退化特别严重，过去 300 年来全球有 87% 的湿地遭受损失，自 1900 年以来全球有 54% 的湿地遭受损失。

飞蝗蔽天，禾草皆光

进入 2020 年，一场 20 多年以来最严重的蝗灾在东非爆发（见图 5-3），对当地的粮食生产和人民生计造成了严重威胁。透过网络上的图片，密密麻麻的蝗虫遮天蔽日，令隔着屏幕的你都忍不住头皮发麻。而现实更为残酷，"飞蝗蔽天，禾草皆光"，黑压压的蝗虫漫天飞舞，所到之处寸草不生。

图 5-3 非洲蝗灾（图片来源：istock.com）

蝗虫是世界上历史最久远的迁徙性有害昆虫之一，几个世纪以来对全球各地的农作物造成了严重破坏。当规模庞大的蝗群在多个国家繁殖，并在大陆蔓延或横跨区域时，就变成了一种灾害。沙漠蝗是最具破坏性的一种蝗虫，可以轻而易举地影响世界上 20% 的土地面积，严重危害食物安全，破坏世界上十分之一人口的生计。

一只成年沙漠蝗每天的进食量相当于其自身体重。换句话说：仅一小群沙漠蝗（1 平方千米）就能在一天内吃掉 3.5 万人的口粮。一旦蝗灾暴发，治蝗工作可能需要耗费数年时间和数亿美元的投入。如果蝗虫的数量得不到控制，对农作物和植被的影响将使食物不安全状况本已十分严峻的地区雪上加霜。沙漠蝗的入侵将导致农业和粮食产量大幅下降，耗尽粮食储备，对食物安全造成严重威胁。

随着全球化的发展，农作物和牲畜的病虫害风险正在增加。随着越来越多的人、动物、植物和农产品跨越国界，以及动物生产系统变得更加密集，严重疫情暴发的风险正在增加。

跨界动物疾病可能造成严重的社会经济后果，特别是在低收入和中等收入国家，可能破坏区域性和国际性的牲畜市场和贸易，对牲畜饲养者的生计构成持续的威胁。不仅如此，它们还破坏食物安全，并妨碍畜牧业充分发挥其经济潜力。近年来，世界上出现了跨界动物疾病的大流行，如牛海绵状脑病、高致病性禽流感和非洲猪瘟等。

除了动物"跨界"导致的疾病风险，植物病虫害同样会"跨界"。比如，蝗虫等对非洲和亚洲的农牧业资源和农民生计构成了严重威胁。

不仅如此，像黏虫和果蝇，小麦锈病、咖啡锈病、大豆锈病等特有疾病，以及香蕉枯萎病、木薯病毒病和玉米病毒病，这些病虫害的迅速蔓延严重威胁到周边国家和地区。越境植物病虫害的影响因地区和年份而异，在某些情况下，它们会导致农作物完全绝收。

在全球范围内，每年植物病虫害给农作物造成的损失估计占产量的20%～40%。那你知道每年植物病虫害带来的经济损失有多少吗？就经济价值而言，植物病虫害每年给全球造成约2 200亿美元的经济损失，入侵性昆虫带来的损失约700亿美元。

此外，气候变化和自然资源退化正在改变病虫害。气候变化和土地覆盖变化，如森林砍伐和荒漠化，会使动植物更容易受到病虫害的威胁。温度、湿度和大气气体浓度的变化可以刺激植物、真菌和昆虫的生长和繁殖，改变害虫、天敌和宿主之间的相互作用。在某种程度上，气候变化也是造成植物病虫害越境激增的原因。我们都知道，任何一个物种在自然界都有属于自己的独特位置，而气候变化正在改变蝗虫等害虫种群的动态，并为害虫和疾病的出现或重新出现及传播创造新的生态，打乱原有的食物链。

生态灾害

美国印第安人在 19 世纪发出忠告：当最后一棵树枯萎，最后一条鱼被捕获，最后一条河被污染，人们才会发现钱是不能吃的。

近年来，生态灾害日趋频繁，很多专家早已预言 2020 年将是灾害高发年。事实也果真如此，除去席卷全球的新型冠状病毒肺炎疫情，在已过去的 2020 年上半年里，仅在农业领域，全球就遭受了蝗虫、草地贪夜蛾、非洲猪瘟等灾害的侵袭。

生态环境是农业生产的基础，世界人口增长导致对耕地、牧场的需求日益增加，森林受到前所未有的破坏。自 1990 年以来，森林砍伐导致全球的森林面积约减少 4.2 亿公顷。其余的土地因大量使用化肥和农药而遭到破坏，变成一片沙漠，导致非洲长期饥荒。

目前全球的荒漠化土地（见图 5-4）已超过 3 600 万平方千米，占地球陆地面积的 1/4。生态环境问题虽然古已有之，但目前已由区域性问题转变为全球性问题。

图 5-4 荒漠化土地

近 30 年来，世界范围内自然灾害的发生频率和强度呈现上升趋势，农业受其影响严重。联合国粮食及农业组织一份关于灾害对农业和粮食安全影响的报告显示，2003—2013 年，低收入国家的农业部门承担了 22% 的自然灾害所造成的损失，如果发生干旱，这一比例则高达 84%。生产者灾后遭受的损失是自然灾害对农业资产和基础设施造成直接损失的两倍。同时，对于一些地区来说，气候变化的影响也在增加。

不可否认，建立在过度开垦和大量使用化肥、农药基础上的现代农业付出了沉重的生态代价。

一边饥饿，一边挥霍

随着食物变得丰富多样、居民收入的增加、人们的物质生活水平越来越高，"节约"一词已被人们日渐忽视和淡忘，随之而来的是，炫耀性食物消费明显增多。

联合国粮食及农业组织 2019 年发布的一份报告显示，在过去的 3 年间，全球遭受饥饿的人口数量出现缓慢回升，2018 年共有 8.2 亿人无法获得充足的食物，占到全球人口总数的近九分之一。

在全球饥饿人口不降反升的同时，我们却扔掉了世界上三分之一的食物，而全球浪费的食物的一半来自亚洲。其中，中国、韩国、日本又占了亚洲食物浪费量的 28%。联合国粮食及农业组织的报告显示，在美国，一个四口之家平均每年浪费的食物的价值达 1 600 美元，而在英国，有孩子的家庭平均每年要浪费 700 英镑（约 1 060 美元）的食物。

在中国，每年大约有价值 320 亿美元的食物被扔掉，被浪费的食物共达到 1.2 亿吨。这是个什么概念呢？ 1.2 亿吨相当于中国的粮仓黑龙江省 2017 年粮食产量的 4 倍，而它们全部被浪费了。更让人心痛的是，1.2 亿吨只是学者计算出来的，还有更多的浪费可能没有被纳入统计范畴，实际浪费的数量可能远远在这之上。

此外，食物浪费还是全球气候变暖的罪魁祸首之一。食物浪费在农业生产、储存、加工、分销及消费的各个环节都存在（如图 5-5 所示）。联合国粮食及农业组织发布的《2019 世界粮食及农业状况》报告指出，全球约 14% 的食物在生产至零售环节之前被损失掉。在全球范围内，对于整条食品供应链，每年大约损失或浪费 9 400 亿美元的食物，每年全球因食物损失和浪费造成约 44 亿吨温室气体排放。

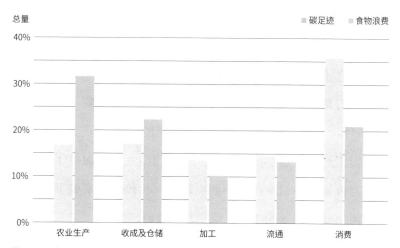

图 5-5 食品供应链各阶段对碳足迹和食物浪费的贡献（图片来源：联合国粮食及农业组织）

与这种食物损失和浪费相关的温室气体排放有多种来源，包括：农业排放、牲畜的消化、家畜的粪便、农场使用能源和肥料排放；用于生产最终会被损失或浪费的食物；用于制造和加工最终会被损失或浪费的食物；电和热的生产；用于运输、储存和烹调食物的能量；腐烂食物堆填区的排放物；土地利用变化和森林砍伐造成的气体排放与生产。

在传统食品零售业的销售模式下，库存不足或者库存积压也是造成食物浪费的重要原因。根据 IHL 集团的一项研究，2015 年春末，产品库存不足导致零售销售额损失 6 341 亿美元，比 2012 年高出 39%；同时，库存积压（指零售商存货过多）致使收入损失达 4 719 亿美元，较 2012 年高出 30%。这些损失在很大程度上源于食品零售业的浪费。而食物被浪费的同时，也增加了政府处理这些被浪费的食物的财政支出，如美国每年需花费 2 180 亿美元用于加工、处理及运输被浪费的食物。

如何养活一株"T 先生"

想象一下，如同科幻片一样，各种传感器被安装在一株西红柿上，暂且称它为"T 先生"。

T 先生发出了饥饿的信号，传感器捕获到这一信号，并立即发送给 AI 大脑，AI 大脑迅速做出决策，将肥料配比好，把光线调整好，开始为 T 先生供水。

那么，水分是把营养送到叶子里，还是送到果实里？

当然，我们想让叶子生长得更少一些、果实更大一些。于是，AI 大脑不断调整水、肥、光的比例，给予 T 先生刺激信号，让它把营养输送到果实中，叶子中只保留蒸腾作用所必需的水分。

当传感器发现 T 先生的果实收到了足够多的养分，无法再吸收时，只能将水分、养分送到叶子中。AI 大脑就做出决策，减少水分、养分供应，调暗光线，让 T 先生休息一下。

通过不断试验，AI 大脑收集了足够多的数据，反复训练构建出西红柿的生长模型，又不断总结规律，发现 T 先生的兄弟姐妹们都有同样的习惯，这就形成了新的种植模式，成千上万公顷的西红柿就可以按照同样的水、肥、光进行配比管理，无效蒸腾的比例就会大幅下降，也就实现了农作物的生理节水。

借助 AI 技术发展精准农业，能够减少水资源浪费，是农业发展的必由之路。

我们都知道，生产 1 千克小麦需要 1 090 千克水，生产 1 千克玉米需要 830 千克水，生产 1 千克水稻需要 1 300 千克水，生产 1 千克大豆则需要 2 930 千克水。这就是我们常说的"水足迹"，即生产某种产品或者提供某种服务所消耗的淡水资源量。

如果每个人的平均食物摄取量为 2 800 千卡 / 人 / 天，生产每个人的日常食物需要用水 2 000 ～ 5 000 升，满足每人每年的食物消费则需要用水 730 ~ 1 825 立方米，人均约 1 000 立方米。目前世界人口约为 76 亿，因此生产所需食物需要的水（不包括灌溉系统造成的水损失）约为 7 600 立方千米。大部分农业用水是由储存在土壤剖面中的降雨提供的，只有 15% 通过灌溉保证。因此，每年需要 1 140 立方千米的水用于农作物灌溉。

联合国粮食及农业组织的报告表明，多达 60% 的农业用水可能会被浪费掉。这意味着，农业可能导致全世界浪费掉约 40% 的水资源。

事实上，人类正在朝着精准农业这个方向努力。

比如以色列发明的滴灌系统，靠缓慢的水滴种植作物，既提高了产量，又节约了大量的水资源。

还有中国的微润灌溉，通过高分子半透膜将水精准地送到农作物根部，提高农作物对水分的利用效率。

对于农作物是否缺水这个问题，目前有的通过测土壤含水量来识别，也有的通过叶片气孔的张度来识别，这些都已取得很大的成绩。但面向未来农业，我们可以做得更多。

水、肥、气、热、盐、光、药，这是农业生产的七个关键要素。这七个要素相互联系：水少了，即便有肥，农作物也不吸收；光少了，农作物不吸水，肥也跟不上；农作物白天进行光合作用，吸收二氧化碳，排放氧气，晚上进行呼吸作用，吸收氧气，排放二氧化碳，如果气体不匹配，农作物就不健康。

要发展完整的节水农业，就要全面考虑七个要素，找出最优的节水模式。

AI 技术的出现或许是今后解锁农作物生长秘密的一把钥匙。

所有的一切都是数据

Geo Intelligence 是美国的一家农业数据公司，我和它的首席执行官 Sara 一直有深度交流。Geo Intelligence 利用并行处理、遥感和机器学习技术建立了世界上最全面的农业数据平台，每天可以处理超过 5 000 万个数据集的 400 万亿个数据点。数据来源不胜枚举，从太空中的人造卫星到田间地头的传感器，无处不有。这个平台不但能收集数据，而且能把各种不同单位、不同来源、不同分类的数据处理成统一的格式，便于统一分析使用。而学者、商界乃至管理部门可以利用平台上的分析工具处理自有数据或者平台上的数据，完成一站式的数据处理工作。

除了提供数据整合和分析工具便于学界、商界的分析研究之外，Geo Intelligence 还利用海量数据开发了一套预测系统。传统的农业行业分析师也使用各种数据对农业产业链进行分析和预测，但是他们的工作模式一般是小团队或个人单打独斗，可处理的数据量较为有限，且一般都不会公开分析方法。这导致他们的报告只能针对产业中的一小部分内容，并且无法重现。而 Geo Intelligence 利用计算机处理海量数据可以做到对全球或重大地区的产量、供需、价格等多个重要方面做出预测，并且可以重现。这不仅能服务于农业产业和政府中的农业主管部门，还能服务于从事农产品行业的企业和有关的金融部门，从而大大降低风险，并节约成本。

目前 Geo Intelligence 已经针对美国的大豆和玉米、俄罗斯和乌克兰的冬小麦等重要农产品设计了优化的预测模型。在 2018—2019 年美国政府停摆期间，美国农业部无法及时发布全球农业供需预测报告，Geo Intelligence 当时及时发布相关报告和信息，填补了空白，为全世界提供了重要的农业信息参考。中国作为世界第二大玉米生产国（第一大国是美国）在 2019 年遭遇草地贪夜蛾灾害，Geo Intelligence 及时做出反应，有针对性地给出草地贪夜蛾灾害模型并做出预测，从而帮助中国及时应对并减轻相应损失。

舌尖上的 AI

事实上，当前 AI 的应用贯穿于农业生产、农产品流通和食物消费的全过程（见图 5-6）。

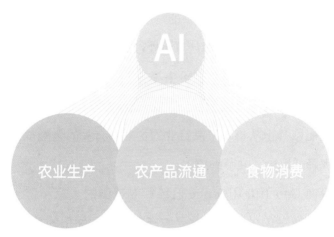

图 5-6 "AI+ 农业"应用环节

在农业生产之前，AI 技术、大数据分析与溯源就能帮助农民保证种子、化肥等农用物资的质量。此外，AI 技术正在取代传统农业生产所仰赖的历法与经验，用海量数据和信息更精准地预测一切——从温度、降雨到病虫害和市场价格，并给出相应的建议。AI 技术将数据分析结果直接用于指导生产决策和生产计划，从源头减少风险和浪费，从而更好地迎合市场需求。

在农业生产过程中，AI 技术与物联网和遥感等技术携手，综合地理、气象、水温等多维度数据，实现从土壤分析到农作物生长，从天气监测到施肥、撒药等多环节全方位的智能分析和控制，利用智能化工具节约人工成本和资源投入，提高种植效率和抗风险能力。

在农产品流通和食物消费过程中，AI 技术通过整合生产数据和市场数据，有效对接供求双方，平衡各地农产品供求数量。AI技术还能通过追踪食物供应链创新食品分销和食品配送方式，预测消费者需求，尽可能地减少库存，提高周转效率，减少流转环节中的食物浪费。

在智慧农业领域，凭借完备的数字化工具与完善的生态布局，腾讯从农业生产端入手，打造智慧农业方案，具体包括：

- 智能农业设施解决方案：将荷兰自动化玻璃温室的先验经验迁移至符合中国国情的日光大棚下，通过整合边缘计算、人工智能种植决策、云原生管控及中台能力，打造 iGrow 智能温室种植解决方案。利用腾讯自主研发的边缘操作系统 iGrow 构建了一套智能种植标准，并兼容多种主流传感器的接入，实现了设备部署、数据分析、自动调控的闭环种植管控能力。目前，已试验性落地山东省寿光市及辽宁省辽阳市。

- 全流程管控方案：在农业互联网、智慧城乡等领域进行战略布局。

- 上游：利用大数据分析与溯源保证种子、化肥等农用物资的质量。

- 中游：从土壤分析到农作物种植，从水分分布、天气监测到施肥、撒药等数据的智能控制，利用智能化工具节约人工成本，提高种植效率，协同无人机、遥感等手段提高抗风险能力。

◎ 下游：利用生产数据和市场数据的整合，让生产和市场
信息有效对接，平衡各地农产品供求数量，整合农业基
地资源（F端）、流通渠道资源（B端）、赋能社区客户资
源（C端），构建"F2C"（从田园到餐桌）的现代智慧农
业生态模式，为客户提供安全、健康、优质、优惠的农
产品。以微信的超级链接平台为基础，搭建完整、易用
的溯源体系。

第六章

挑战中的挑战

你想改变世界，世界不允许你改变

正如我在前文中所讲到的，"解决未来 100 亿人口的生存问题"是地球级的挑战，需要一个强化的、有韧性的基础设施系统架构和一套系统性的解决方案。我们已经不缺好的想法和理论，各种潜在技术和解决方案是丰富多样、取之不竭的，它们都在我们的掌握之中。但要如何行动起来？如何获得更多的意志力、人力、观念的改变以及金融资源，来一起为地球打造这个新的基础设施系统架构？

有时你想改变世界，但因为政策障碍、利益集团、人们的观念等因素，往往以失败告终。从我作为一个投资者的亲身经历来看，解决这个地球级的难题，我们面临着很多"挑战中的挑战"。

首先是观念上的偏差。我们需要让人们知道，FEW 不是只和科学家、政府、国际环境组织相关，而是和每个人的生活息息相关。我们不仅需要相信个体的力量，还要在全球层面达成共识。其次是政府和相关国际组织需要做制度上的安排，至少要搞清楚"战略目标是什么""谁是对此负责的人"。此外，还有 AI 技术发展的壁垒、高端人才短缺的现实等挑战，都需要一一解决。

"你相信个体的力量吗？"

我们做了很多早期投资，以支持创始人并试图帮助他们打造一家公司，因此我们需要了解他们的领域。比如医疗领域，在我们开始学习更多医疗保健知识的过程中，当我们的目标是从根本上降低一个人患癌症的概率时，我开始思考，导致癌症的因素是什么？

比如被污染的水。有机铅或化学污染物、杀虫剂、化肥……几乎任何进入水体的人造物都是污染物。塑料对水的污染便对人类构成威胁，不仅如此，塑料进入海洋会破碎，然后会进入我们吃的海产品中。

个体的力量是无穷的。我们每个人的行为都会对地球造成或大或小的影响，如果我们不加节制地制造污染物，最终被污染的环境会反过来伤害到我们。

最近，我和冰岛前总统奥拉维尔·拉格纳·格里姆松（Ólafur Ragnar Grímsson）有过一次对话，我们都认为每个家庭都可以出售他们家里的多余电力。越来越多的国家，如冰岛，实际上拥有丰富的能源，并且可以考虑如何将多余的能源应用于能够改善人类生活的其他方面。如果他们屋顶上有太阳能，或者外面有风电，而且有额外的电力，他们可以在电网上出售。因此，每个家庭实际上都可以成为一家电力公司——这是一个奇怪的概念，因为我们都是在一个只有国营电力公司的世界里长大的。但格里姆松在《腾讯对话.02 期》的直播中说："新的观念正汇聚成前进的洪流。我看不出有什么力量能阻止它们改变世界。"

如果现在有人问你：你能为 FEW 做点什么？你也许还是会说那是科学家的责任。其实不然，有一个鲜为人知的事实：大约 10% 到 20% 的温室气体排放来自农业，其中大部分来自肉类，很多来自牛。显而易见，你可以通过少吃牛肉来解决温室气体的排放问题，比如从每顿饭都吃牛肉或一天吃一顿牛肉减少为一周吃一次。

几年前我在联合国开会，遇到了苏西·埃米斯（Suzy Amis）。你可能不熟悉这个名字，她是一位美国环保倡导者，曾经也是演员和模特，她饰演过的一个角色我们一定都不陌生——《泰坦尼克号》中 Rose 的孙女，她的丈夫詹姆斯·卡梅隆（James Cameron）是著名电影导演，代表作为《泰坦尼克号》《阿凡达》等。苏西发起 OMD 运动。OMD 即 "One Meal a Day" 的缩写，其理念很简单：每天将至少一餐的食物换成素食。

OMD 运动的目标在于支持每个人改变其与食物的关系，并为个人提供工具、鼓励和实际对话来使其向气候友好的素食转变，也鼓励学校、企业、餐厅和社区都选择更多的素食。事实上，我们每一餐都拥有改变我们身体健康的力量，每一餐都拥有影响我们的家庭、社会和地球的力量。

既然你已经知道了个体可以拥有无穷的力量，那么我们首先应该树立一种观念，即从政府到公民，我们每个人都应该从此刻开始转变观念，真正行动起来。

制度与治理：强与弱的选择题

政府应该如何制定目标？

以能源为例，我们生活在一个三分之二的人口将很快居住在城市的世界。超过一半的能源需求将用于建筑物的供热和制冷。10 ～ 15 年前，当人们谈到能源、环境污染话题时，每个人都会把中国视为问题所在。

而现在，中国已经成为解决方案的典范。中国在过去的 10 年里从煤炭驱动的城市供暖系统过渡到地热系统。格里姆松在对话中指出："如果不是因为中国对太阳能和风能、电动汽车和所有形式能源的贡献，我们就不会像今天这样有价格低廉的太阳能和风能。"中国现在正在为世界其他国家指明道路：如何真正成为清洁能源领域的全球领导者。

对地球上所有地方来说，挑战的一部分是我们如何转向可再生能源系统，听上去这是一项艰巨的任务。但第一件事是要真正弄清楚你想做什么。

我有一个问题：一个国家或地区是想要一种强大的电网策略还是一种较弱的电网策略？一种强大的电网策略，可以在一个国家或区域内调配大量的能源，为这个国家的其他地区提供能源。一种较弱的电网策略则需要有更多的本地发电。

当一个国家考虑进行能源转型时，其实是很多地方战略的汇总。通常世界上任何地方都有一些自然资源禀赋，并且这些自然资源只适合产生某种能源：可能是地热能，可能是因为有充足的水来发电，可能是太阳能，甚至有可能是核能。

当国家制定能源战略时，人口规模、地域面积、自然资源禀赋、技术水平……政府需要考虑哪种类型的能源对该国及地区是最优的。比如，你不会想在缺水区建一个需要水的核电站。核电锅炉的热量产生蒸汽，推动发电机，这是核反应的一部分，不可能在沙漠里实现。再比如，利用近海海洋区域大量的水能和风能，北欧规划了大型海上风电场。

合理的国家战略是可以在全国范围内充分调配能源的，各国也可以据此进行市场化的投资。我相信有一种全新的、几乎可以像一个调用应用程序般的革命性手段，可以更好地联系能源的供求。这无疑对各个国家和政府提出了全新的挑战。

技术与治理：寻找一个边界

AI 并非无所不能，真正的现实问题总是复杂得多。AI 从虚拟到现实面临三大挑战：

首先，在现实环境中，目标或奖励往往是不确定的或不是单一的。比如，对于无人驾驶汽车而言，目标至少包括将乘客送抵目的地、保证乘客安全舒适、遵守交通规则等。

其次，我们还面临着奖励延迟的问题，也就是说我们的行动所带来的影响可能需要很长时间才会显现，这会使得我们难以找到最佳策略。比如，改变农作物的生长环境对产量会有什么影响？

最后，我们构建的模拟环境是对现实环境的抽象和简化，往往并不准确；而且现实世界中可能还存在某些影响我们行为后果的外部因素或未知因素，但模拟环境却可能无法体现这些因素。这个时候，我们就需要 AI 具备归纳总结其所遇到的新情况的能力。例如，如何让在 19×19 棋盘上训练的 AI 也有能力在 21×21 的棋盘上下围棋？目前来看，这种看似微小的变化需要模型通过新的模拟才能找到适应这种新环境的策略，将 AI 的功能从一种情境转移到另一种情境仍然有如跨越天堑。

AI 在 FEW 场景的真实落地上需要很多软硬件的支撑与支

持，困难在于应用 AI 技术对现有 FEW 相关系统的改造，以及传统 FEW 企业对人工智能领域的理解与技术积累不足。其中，人、数据、技术是"AI+FEW"落地中的三个核心密码。而当前全球在这三个核心层面都面临不同程度的问题。显然，AI 与 FEW 结合的应用落地之路充满荆棘，需要突破软硬件条件的制约，尤其是要破解人、数据、技术这三道难题，可谓任重道远。

AI 与能源的融合之路步履维艰。一方面是缺乏技术支持和实践经验。能源领域应用 AI 技术缓慢的一个原因是决策者缺乏必要的人工智能专业知识。许多公司根本没有足够的技术背景来了解它们如何从应用 AI 技术中受益。保守的利益相关方更愿意使用久经考验的方法和工具，而不是冒险尝试新事物。但随着越来越多的行业，如教育、金融、医疗保健、交通等，都接受了人工智能的发展潜力，能源领域的决策者也开始将注意力转向这项技术。另一方面是能源领域的运行方式非常保守。尽管能源公司收集和管理数据，但用创新的技术解决方案将其数字化是有问题的，因为其存在相关的风险，如数据丢失、定制不当、系统故障和未经授权访问等。由于能源领域的出错成本很高，因此许多公司不愿冒险尝试没有经过验证的新方法。

AI 与农业融合之路艰难曲折。农业的特殊性使新技术与农业难以契合。农业领域涉及的不可知因素太多，如地理位置、气候水土、病虫害、生物多样性等，这给系统地研发和推广带来巨大的困难，使得 AI 技术和机器学习在农业上的测试、验证和推广比其他行业更加困难。以 AI 识别病虫害为例，虽然用的都是已经比较成熟的技术，但在应用推广过程中，其中某个因素的改变很可能将在特定环境中已经测试成功的算法变成无效算法，进而影响检测效率。同时，对于一些个体小且活动能力强、生活环境隐蔽的害虫而言，利用 AI 技术对其进行检测，难度非常大。

当我们说到网络世界，我们可能会用一切令人激动而又正面的词语来形容这一神奇世界。通过网络，我们足不出户而知晓天下事；通过网络，我们相隔千里也可自由交流；通过网络，山区的孩子可以接受更优质的教育……似乎在网络世界，我们无所不知、无所不能。然而，你可能不知道，还有数不尽的数据和信息由于各种原因，被隔绝在网络世界共享的模块之外，形成数据孤岛。拿水利行业举例，水利行业有不同的数据源，例如气候数据、地理数据、水文数据、用水户数据等。对于食物生产来说，它不仅涉及食物产量数据，还涉及食物部门及相关机构和企业的数据，从而能够清楚地记录整个食物的生产环节及上下游活动。能源行业也有不同的数据源，而且种类丰富，比如煤矿开采数据就有生产实时数据、产品数据、仪器监测数据、环境数据、商户数据等。目前这些数据中有很大一部分没有共享，需要将各部门之间的信息进行融合与共享，从最基础的层面摸清食物、能源、水资源的本底条件，掌握其动态变化，不断更新食物、能源、水资源的双向信息，从而预测供需要求。因此，数字世界的"闭关锁国"现状，亟须打破。

数据产权是数字经济发展过程中出现的新问题。

数据产权界定对于 AI 技术应用于食物、能源、水资源方面意义重大。对于食物、能源、水资源这类涉及民生的数据，其主体权责亟待明确。比如，能源分布的地理数据，往往由政府或附属部门或科研机构进行采集，这些数据是否属于采集者，是否可以为私人主体所有，这些问题尚待学术界的积极探讨和相关法律的规制。一旦厘清数据产权，实践中谁能使用数据，如何使用数据，以及能否进一步对外分享数据等问题就能迎刃而解。数据，是这个时代的石油和天然气。农业时代确立了产权规则，工业时代确立了知识产权规则，人工智能时代呼唤数据规则。这些规则包括数据产权规则、数据开放规则、数据保护规则、数据流动规则等，在全球范围内都亟须明确。

人才黑洞

在一门专业上有所发现已是极为不易，更何况是精通各类知识的跨界人才？

　　科研难，难在人才培养上，难在创新突破上。跨界人才的培养更是难上加难。跨界人才，难在突破学科壁垒。中国的《山海经》中有大禹治水的故事，大家都知道禹成功治理了泛滥的洪水，实际上禹的父亲鲧治水九年却以失败告终，这是因为鲧在治水时只考虑了挡水、堵水。禹则将地理、生态等因素综合考虑进来，通过疏堵结合最终完成治水大业。相较于水和农业这两门解决人类吃喝问题的传统学科，能源则算得上一门相对年轻的学科。从火的发现到煤炭的开采、石油的炼制，近300 年来，能源的发展一直是经济增长的重要引擎。目前，能源领域工作者更多地从效率、技术、经济等角度考虑学科的发展，对水和环境的影响考虑得仍然不够。人工智能是 20 世纪下半叶崛起的新兴学科，对专业工作者的计算机、心理学和哲学知识都有很高的要求，若要再掌握专业学科的理论，则人才培养可谓难上加难。人才稀缺已成为目前跨学科发展的共性难题。

第七章

行动中的未来：
FEW 的新地图

新架构蓝图：2050 年容纳 100 亿人口

现在，让我们改变思路，考虑可以采取哪些措施切实有效地重新架构地球，使其到 2050 年能够容纳 100 亿人。下面，我提供了一个头脑风暴的想法列表，这些想法要么是如今已经在施行中的，要么是可以通过合理数量的额外研发和资金来实现的。在众多可能中，这些只是我非常感兴趣的一些想法。

食物

● 利用 AI 技术最大限度地增强植物免疫力，从而实现生产力最大化和限制资源投入与浪费的目标。

● 近乎实时地预测和核算地球上的所有农业供需。在全球市场不断变化的基础上，就农业规划和农作物选择优化的所有方面向农民提供指导。

● 空中传感器：利用卫星近乎实时地告知地球上的人们所有户外农业活动的实地生产力，让人们提前识别商品风险。

● 显著减少肉类（见图 7-1）消费，使整个人类的食物链价值合理化，减少温室气体，并直接向人类提供更多营养和蛋白质，相比之下，通过动物传递能量会造成绝大多数营养被浪费。

图 7-1 一块人造肉——从外观上看，你很难将它跟一块真的肉区分开来

● 进一步开发复杂的新一代抗生素，在不影响动物和人类，并且在不会导致抗微生物药物耐药性（AMR）的情况下保护农作物的健康。

● 在能源、水、热量等有利因素丰富的地区发展室内农业设施，从集中依赖少数几个重点农作区转变为产地多元化。鼓励发展更多毗邻城市中心的室内农业，进一步让饮食选择多样化，减少对集中农业的依赖。将这些设施设置在可获取100%绿色能源的地方。

能源

用可再生能源替代化石燃料，这不仅是为了减少温室气体排放，而且是为了转向使用当地的自然能源，并减少热电发电过程中对水的固有依赖。

利用机器智能执行以下操作：

● 使所有现有的热电发电过程高效化。限制燃料和水的使用，提高利润。限制浪费和污染。

● 应用机器智能来提高所有电力生产的效率。

● 协调整个电网客户的能源需求波动，以便更好地匹配可再生能源的供应与需求。这可以通过使高度需求能源的工业机器、家用电子产品和电器"并网和感知"来实现。通过引入动态定价机制来奖励可再生能源的使用，反映可再生能源相较于不清洁能源的优先顺序。确保将可再生能源以最低的价格提供给消费者，最有可能的方式是对污染性大的能源进行征税。针对电网、工业和消费者的智能解决方案，则可以通过优化定价将节省的成本分摊共享给客户和价值链中的所有用户。

● 通过使用智能能源解决方案，帮助客户跟踪节约的成本，并为客户寻找实现能源节约的更加有效的方法。

● 帮助电网运营商管理新的、更为丰富的可再生能源，促进越来越多的参与者将能源销售到电网，包括作为能源供应者参与的个人。利用机器智能操作有助于管理快速增长的供应者，并优化关于从何处购买能源的优先级和决策。

● 开发跨区域的网格存储解决方案组合。从可用作电池的双向水电设施（如抽水蓄能），到新的"从车辆到电网"能力，这些都有可能使电动汽车既可以向电网出售能源，也可以从电网购买能源（见图7-2）。随需应变的电动汽车充电车队可能成为电网层面一种有意义的能源。这能进一步改变由个人投资的存储基础设施（即车辆电池），而不是由国家或电力公司提供的设施，就像家庭购买的个人空调只为业主提供冷却效用而不是集中解决方案一样。

图7-2 电动汽车充电

● 以更精准的能源匹配方式满足各种能源需求。比如，利用水输送的地热或余热为楼宇供暖，而不是用电或烧煤制热。我们应该把重点放在提高能源的使用效率上。

● 更系统地探索地热，除了用于发电，也可以用于空间和水的加热与冷却。在世界许多地方，地热潜力尚未得到开发。

水

● 通过引入由 AI 驱动的效率策略来提高水处理工艺的效率和生产率（见图 7-3），降低其成本。

图 7-3 提高水处理工艺的效率和生产率

● 在农业和能源部门实施智能战略可以保护水资源，增强蓄水能力，将珍贵的淡水转用于其他社会生产，确保社区的长期水安全。

● 更好地利用我们现有的和规划的水电设施和水坝来实现抽水蓄能，使水电设施和水坝成为区域电池，对电网中引入的间歇性可再生资源（如风能或太阳能发电站）形成补充。由风能或太阳能等间歇性能源产生的多余能量，可以被用来将水泵回水电设施和水坝的顶部，之后再用作发电机的流动能量。

● 进一步开发更关键的水诊断方法和过滤方法，以识别水中更广泛的毒素（来自人为活动），并且在供水过程中去除这些毒素。目前有各种各样的化学品、药品、金属、激素等能逃避经典的诊断方法以及过滤方法。由于人为因素导致水的成分复杂化，我们的诊断方法和过滤方法也需要同步变化。

安全和保障

应确保满足人类的 FEW-SHES 需求具有灵活性和预见性，这将有助于增强集体和个人的安全，确保我们当今或者未来的基本需求得到满足。

实现全世界"利益均沾"，以满足 FEW-SHES 需求，包括整个发展中国家的需求，这将有助于限制可能造成紧张局势和压力的全球移民。

健康

采用机器智能驱动的解决方案，可以推动以下方面：

● 持续提高向全民提供医疗服务、疫苗、药品、信息、治疗等的效率。允许卫生保健当局和利益攸关方精确地跟踪和确定具体结果并且实时反馈。

● 更有效、更低成本的诊断。在尽可能早的阶段准确识别健康问题，并将护理目标从疾病诊治转换为预防问题和提高生活质量，通过精确定位特定条件或问题（如肿瘤的准确识别）并综合大量数据以确定个人健康的整体趋势（如高水平的健康检查）来实现成果。

● 探索药物和治疗方案。更快速地创造越来越多的准确假设和靶分子，用于人类、动物和植物种群的介绍。

● 制定更多对抗病原细菌、病毒和真菌的战略，利用基因工程、测序和噬菌体发现和发展新方法（见图7-4）。

图 7-4 机器智能助力医学研究

我们还应该认识到，增加获得优质 FEW-SHES 资源的机会，可以直接改善人类健康。高质量的 FEW 渠道与环境质量，是健康个体的基础。

环境

● 清洁的天空和大气层：在全世界所有排放温室气体的发电厂部署具有成本效益的温室气体和有毒气体排放隔离技术。从源头隔离温室气体要比试图过滤地球空气在效率和成本效益上高得多。我们需要进一步开发具有成本效益的温室气体和有毒气体排放隔离模型，并提高其效率。

● 迅速用无害于环境的材料替代对生态有害的人造材料，比如塑料等。利用机器智能加速引入传统塑料的替代材料。

● 除了能源效益，通过地面和空中运输电力将有助于消除车辆排放的污染，并且显著减少与交通相关的噪声。电动汽车和飞机并不产生排放物，它们因为没有内燃机而变得更安静，从而可以减少交通噪声。

栖身之所

● 部署优化的空间加热和冷却解决方案，如利用地热或海水冷却。通常仅用于空间供暖或制冷以及热水供暖的能源消费，就需要占到国家能源消费的 40%～50%。也就是说，40%～50% 的能源消耗经常被用于保证我们的身体、食物和物品持续处于舒适的温度。

● 为住宅和建筑物开发更强大的当地水过滤、集水和诊断解决方案，以便在供水基础设施不足或根本不存在的情况下定期获得安全用水。栖身之所需要具备更多确保获得安全饮用水的常见的、低成本的方法。

上面的例子只是许多想法中的一部分，它们已经存在或可以进一步开发和部署，并可能产生重大的全球影响。

应对我们在地球上所面临挑战的潜在技术和解决方案是取之不尽、用之不竭的。它们都是我们的囊中之物。我们只需要在意志力、人力资本、思维方式上发生改变，并且建立重构地球的财政资源。

中国为地球带来的机遇："一带一路"倡议

那么，我们如何鼓励必要的投资来升级地球上的关键架构，以拥抱弹性的 FEW-SHES 架构，并在人口不断增长的情况下紧急应对气候变化动态？

政府与专业投资者的角色迥然不同。政府通过税收获得大量社会财富。在政府管理下，有时一个国家能将其超过一半的收入用于投资新的社会架构以及用于现有架构的运行（例如医疗保健、教师工资），以确保满足公民的基本需求。政府的这种角色是被广为接受的，并且在大多数社会中相关讨论都围绕着政府可以征税的额度以及如何最有成效地使用这两个方面。

这种为地球、国家和社区优先考虑健康结果的能力——超越了全球范围内传统投资者和个人的投资回报率考虑——使政府在人类历史上的这一特殊时期成为关键角色。

向"绿色"转变给社会带来的益处并没有立即明显地被自由市场思想所捕捉。例如，更充足的淡水实际上可以驱动相关部门降低水价，减少漏水的管道可能意味着会收取客户更少的使用费，因为这些损失的水资源的成本没有转嫁给客户。我们都认同拥有丰富的水供应是一种固有的社会利益，它最低限度地保证了全人类和生态系统的需求都能得到满足，并且与附近的淡水湖泊、河流和环境资源一同带来额外益处，进一步提高当地的生活质量。如何对这些方面进行客观的经济评估？

现在，我们将话题转向中国"一带一路"倡议，关注其在这个历史关键时期能为地球带来的直接变化，以及它可以为其他国家树立的榜样作用。

我不在这里叙述"一带一路"倡议的统计数据和历史，而是在我们所面临的全球挑战的背景下，为"一带一路"倡议的发展提供一个理论框架。

作为一项全球倡议，"一带一路"倡议为世界各国提供了一个重要机遇，可以帮助世界各国投资于能够与人口长期增长同步发展的、具有弹性的 FEW-SHES 架构。"一带一路"倡议现在可以被更准确地重新定位，成为一揽子解决方案，旨在帮助所有参与地区建设具有弹性的关键基础设施——比如随时准备应对大规模人类活动和气候变化的后果——而不会进一步加剧任何气候变化或生态破坏。不遵循这种新的绿色和弹性架构的基础设施和解决方案应该从"一带一路"倡议中移除。

什么是"一带一路"倡议？这是不是中国及相关企业为实现投资回报率的一项计划？是不是中国关于全球影响力的一个总体规划？一些人对"一带一路"倡议热烈欢迎，但在政治舞台上也有诋毁"一带一路"倡议的声音，质疑声层出不穷。因此，在下一阶段，"一带一路"倡议必须通过一系列非常优雅的价值观、指标、目标和成果来向前迈进，从而得到普遍认同。这些价值观可以展现中国在世界舞台上的优先事项：积极参与并应对气候变化带来的全球挑战，以弹性、持久、可以承受气候变化的方式改善人类生活，同时不会进一步加剧挑战。

"一带一路"倡议可以更加直接地演变为一场推动重建绿色地球的运动，中国在推动这一进程中发挥着核心作用。

"一带一路"倡议的新定位既可以满足中国国内的增长目标，又能促进中外合作伙伴和企业实体的合作与发展。来自中国的技术有助于建设弹性架构，比如太阳能电池板（见图7-5）、风车和电池等，可以非常直接地被纳入此范围。对改进全球 FEW-SHES 架构具有重要价值的非中国企业的技术也可以通过合作伙伴关系纳入"一带一路"倡议。

图 7-5 太阳能电池板

从政治角度看，一方面，"一带一路"倡议最终可以成为一项提升中国国际形象和话语权的倡议——师出有名的善举可以产生新的信任和合作；另一方面，绿色和弹性架构也有助于增强自主性和减少国家层面的脆弱性。这种新架构不应使各地区更依赖中国，而应使其更具有弹性，更不容易受到国际相互依赖的风险的影响。

以能源领域为例。可再生能源基础设施赋予一个国家或地区自己获取当地能源的渠道。绿色能源应当是当地的能源。风车或太阳能电池板等基础设施使得一个地区直接将自然风力或阳光转换成电力。这种能源是一种"尚未开发"的本地资源，可以转换成电能供本地使用。合作部署这些资产是促进能源独立的一种方式。依赖燃料（如煤、石油、生物质）的发电方式，导致一个地区对不间断提供能源的外部资源产生了长期依赖。以全球燃煤电厂网络为例，如果煤炭船没有出现在码头，将无法提供能源给当地人。

简而言之，"一带一路"倡议的"绿色化"可以将其重新定位为中国赢得合作伙伴的一项普遍倡议，但这不是唯一的目的。"一带一路"倡议可以是一项推动地球长期"绿色化"的重要举措，中国将成为积极主动和负责任的全球规模投资者——也许是愿意采取果断行动的最大的投资者。"一带一路"倡议也欢迎其他志同道合的国家参与合作。正如我们在投资世界里所发现的那样，许多投资者可以通过共同努力实现目标，从而人人都可以分得一杯羹。

这些影响可以超越"一带一路"倡议的投资范围，并扩展到科学和创新领域，以确保全球解决方案的渠道不断拓展。除了"一带一路"倡议投资计划，中国还可以赞助或举办更多的正在专注于引领全球 FEW-SHES 基础设施关键升级的科学交流和教育活动。"一带一路"倡议将成为应对地球最大挑战的基石。

通过对"一带一路"倡议的重新定位，中国可以在推动地球进步方面发挥重要作用。"一带一路"倡议将成为帮助地球"绿色化"和弹性过渡的全球焦点。

以空气为基础设施

在过去很长一段时间内，全球很多科技企业都在利用 AI 技术以及其他先进技术帮助农业、水资源等实现更好的发展，并让这些领域相互关联。但未来 30 年，当人口达到 100 亿时，如何为人类寻找到更优化的生活方式，以满足人类新的交通需求呢？

想一想现在的汽车经济，每年全球汽车总销量达到 9 500 万辆，只有不到 1% 是电动车。虽然我们在设计、大规模制造电动车方面取得了很大的进展，但是电动车在整个汽车销量中的占比还是不到 1%。全球一年要卖约 1 亿辆汽车，虽然这些汽车不吃草，但是它们"吃"汽油，"吃"进去汽油以后就会排放出温室气体，而汽油一年的消耗量为 7 000 亿加仑。在二氧化碳排放方面，每年因汽车产生的碳排放总量已达到 370 亿吨，而且年增长将近 3%。目前，碳排放量还在增长，其中 16% 的碳排放来自汽车，在这个方面我们需要改变。

我们再看一下未来的预测。国际能源署预测，气候变化、温室气体排放在今后 30 年不会有太大的改观。发展中国家只会有很少一部分汽车为电动车，耗油量会越来越大，排放量也会越来越大，那么我们怎么去解决这个问题呢？

这还只是车和油的问题，我们再想想整个道路基础设施。我们需要道路，道路也有成本，现在世界上有 6 400 万千米的道路，这个数据在过去 10 年增长了 40%，那今后的 30 年是什么样的呢？很多基础设施在发展中国家建设，90% 的新建道路在发展中国家。再想想停车场，我们在地球上需要多大的停车面积呢？将汽车一辆一辆排下来的话，其面积大概相当于重庆，或者是整个塞尔维亚的国土面积。很多国家都在经历城镇化，大家从农村进入城市居住，现在全世界的城镇化水平大概为 55%。但是在 2050 年，世界总人口会达到 100 亿，城镇化水平会达到 65%。也就是说，城市人口将增加 20 亿之多，而城市只占地球面积的 3%，却承载了这么多的人口。我们会看到更大的城市、更拥堵的街道，这就是现实。城市变大以后，拥堵会更严重，我们还有更好、更绿色的模式避免让人类走向荆棘丛生的道路吗？

我们是不是可以住在农村，而在城市工作？比如，我们可以在城市工作、看电影、吃饭等？可能我们并不希望在摩天大楼里居住，是不是可以在城外居住呢？答案是肯定的。

有这样一种新范式正成为可能——用电和空气做基础设施。

你听说过 eVTOLs（Electric Vertical Take Off and Landing Aircraft，见图 7-6）吗？这是一种电动垂直起降飞行器，属于电动飞机，可以垂直起降和飞行，听起来有点像是科幻小说里才出现的。但它现在已经被生产出来了，经过测试、改良后将被推向市场，或将取代汽车等交通工具。有了这种新技术，我们就可以获得不可思议的新奇体验。

图 7-6 eVTOLs

eVTOLs 是我们的一个合作伙伴——德国一家企业生产的原型机，它使用电驱动，一共有 36 个电机，非常平稳，有 300 千米的航程，时速是每小时 300 千米，可以坐 5 个人，就像一辆汽车，但它叫电动直升机。如果它在城市中飞行，会是什么样子？我们模拟了一下，飞行非常安静，听不到它发出的声音，从机场进城基本上看不到它，它和城市的运行非常匹配。

其价格如何呢？比烧油汽车便宜，而且电价可能会越来越低。飞行的模式在变化，飞行未必产生污染、未必耗能、未必噪声大、未必只是少数人的一个特权，而是可以成为大众的交通方式。这能够让拥堵的交通大为改观，从而普惠大众。

你从北京首都国际机场到市中心，开车大概需要一个小时，飞行的话 10 分钟就够了。这是一种新的范式，能够把社区联系起来，尤其是对发展中国家而言。因为目前一些发展中国家的社区还没有接入基础设施，村子还没有通路，我们可以在这个地方降落，用当地的可再生能源，比如太阳能、风能等，在当地充电，充完了电接着飞。这样就可以使发展中国家的人们生活得更加便利，不需要建设那么多的基础设施。

eVTOLs 比目前的汽车驱动方法更好，无须进行部分基础设施投资，实际上是一种可行的模式。我认为，这正是我们在考虑如何应对日益严峻的气候变化挑战，以及城市化和人口增长时需要采用的一种模型。通过这种模型，在打造更加创新和智慧化的世界的同时，能够实现真正的绿色发展，塑造一个更加环保、可持续发展的世界。这是否意味着我们在倒退？实际上恰好相反，这其实意味着我们可能会向前迈出一大步，实现人类发展中一个巨大的飞跃。

我们可以"多快好省"地去做这个事情，我们可以去拥抱这样的技术、学习这样的技术、开发这样的技术。尤其是中国，有一个很好的机会成为这个技术的尝鲜者，我们的基础设施有这么多存量投资，我们可以引入新的技术，引领世界，成为世界上的先行者。

"智人＋植人"时代

可以简单地畅想，未来，在食物、能源、水与 AI 相互融合的时代，我们能够从根本上解决人类生产生活的食物安全、能源危机、水资源利用等问题。

早在 2017 年，中国就发布了《能源生产和消费革命战略（2016—2030)》，明确提出"超前研究个体化、普泛化、自主化的自能源体系相关技术"，这是官方文件中首次提出"自能源体系"。

所谓自能源体系，就是通过应用各种先进技术，使未来的每一个单体，无论是一个人、一件物品、一幢建筑、一个大型平台，还是在能源开发、传输、利用的过程中简化为单体的每一个系统或子系统，都既成为能源生产者，也成为能源消费者，并且能源供应与能源消费可以自身先平衡，然后通过更高层次的系统参与外部供需平衡，也可以根据经济学规律和市场要求，便捷地先与外部供需平衡。能源的传输与信息传输一样便捷、经济和适用。

可以设想未来能源发展的一个场景：未来某个人在户外运动，他的衣服、裤子、帽子甚至体表涂的防晒霜等都可以自动吸收他运动产生的热量、微风吹过的能量以及光照，然后自动收集储存，这些能源可以用于给自己的智能设备（如手机、人机辅助设备）充电、给关节热敷治疗，也可以与外界交易或者捐赠等。一辆行驶在公路上的汽车可自动采集光照、运动气流等能源并将其储存，也可以通过道路先进装置自动采集汽车与路面摩擦产生的能量，这些能源可以用于驱动汽车运行、给别的汽车充电或参与交易等。一幢建筑物可以通过表层能源采集装置或地理位置等进行设计与优化，从而最大限度地开发可再生能源、节省自身用能等，形成单体的能源生产和消费，通过与外界参与，最终实现能源供需平衡。

在这样一个自能源体系中，电力是能源传输的载体，可再生能源及分布式利用将成为开发利用层面最常见的方式，能源发展自然是绿色、低碳、可持续的。但这需要各种技术方面的突破。AI 技术大发展、促进能源与 AI 技术融合，这正是自能源体系场景赖以实现的技术基础和产业依托。

从能源领域来看，对于其未来发展前景，应着力于促进能源与 AI 技术融合，打造自能源体系，这既可以化解能源危机问题，也可以附带解决食物安全及水资源利用等问题。叠加了AI 技术的未来自能源体系，将推动人类社会迎来"智人时代"和"植人时代"。

智人时代：借助于 AI 与能源融合而武装起来的人类，是自能源体系的人类社会的主要特征，其中每一个人通过其衣服、鞋帽、表皮涂层等均能充分便捷地利用太阳能、风能等可再生能源，可以通过便利的数字接口等设施直接与周边进行能量与物质的交换和交易。

植人时代：通过自能源体系直接进行光合作用，生成碳水化合物等有机物，为人类肌体供给能量和营养。通俗地说，以后人类饿了，出去晒晒太阳、吹吹风就可以了，实现与植物一样利用太阳能补充能量。以后诸如"晒太阳""喝西北风"不再是贬损人的话，而是生活的常态。吃饭，只是为了享受美味和交际。在这种情况下，人类个体基本上不存在食物短缺问题，整个人类社会也就不会有食物安全问题。

水能互联

人类对于自然的探索和利用从未停止。伟大的古人利用水驱动水轮灌溉。1752年，美国科学家富兰克林通过"风筝实验"揭开了电的原理。1878年，第一座水电站在法国建成。水力发电将水和电这两种神奇的物质自然地结合到了一起。

水不仅赋予了世间万物以生命，还是能量的载体。蓄在高处的水在重力作用下推动水轮机，将形成的动能转化为机械能，水轮机再带动发电机旋转并通过切割磁力线产生电。与煤炭、石油等传统能源相比，水电更加清洁。煤炭和石油的化学元素主要是碳，据科学家测定，完全燃烧 1 吨煤大约产生 2.7 吨二氧化碳，完全燃烧 1 吨汽油大约产生 3.2 吨二氧化碳！我们每天用的电和热水、开的车还有工业的发展，都在耗费大量的煤炭和石油。而 1 万平方米的树木一天仅能吸收 1 吨的二氧化碳。越来越多的碳排放直接影响了全球的气候。而传统能源实际上是亿万年前古生物经地壳作用形成的化石，其数量是有限的。一旦资源枯竭，将直接影响到我们每个人的生活。

优先发展清洁的水电已成为国际共识。据国际水电协会统计，2018 年全球水电总装机容量达 1 292 吉瓦，水电发电量达 4 200 太瓦时，占全球能源消费总量的 6%。截至 2018 年底，中国以水电装机总量 3.5 亿千瓦位居世界第一。

发源于青藏高原唐古拉山脉的长江是中国的第一大河，多年平均地表水资源量约 9 900 亿立方米，它自西向东横贯中国，滋养着中国总面积约 1/5 的土地。为合理利用长江的水资源，流域内建设了诸多水闸、水库、水电站、泵站以及引调水工程。河道上水利工程的串联使流域的水资源管理变得十分复杂：如何兼顾水库蓄水、防洪、水电站发电，如何在保障沿岸居民生活、工业农业生产用水、航运和生态安全的同时，科学利用水能资源，实现水资源的综合调度和管理，一直是水利工作者研究的重点。

为了替代传统能源，人类一直在努力发掘更多的自然资源。

但是，自然总有其特定的规律，太阳东升西落、风忽起忽停、海水时涨时落。日落之后、无风之时、海水涨落不明显之日，电从何来？未来的电力和能源如何可持续供应、如何可持续发展？

"百川东到海，何时复西归"，自古以来水一直被认为是"一去不复返"的。但是，随着电和水泵的发明，抽水蓄能成为可能。在电力供应较多的时候，将水抽到较高的水库中，在电力需求的高峰之时用来发电。抽水蓄能电站目前已成为最经济、最清洁的大规模储存能量的方式。但是，何以判断电力需求的波峰和波谷？水库和电站群如何协作？面对这一复杂系统，未来 AI 可通过智能仿真、智能诊断、智能预报、智能控制来实现水能系统的预测与调控，以及水库群的优化调度，实现防洪、供水、发电、生态保护等多重功能。

与其仰望星空，不如重构地球

2020 年 6 月 30 日这天，我进行了一场对话（见图 7-7）。坐在对面的是我的好朋友、一个像我一样总想为这个世界做点什么的人——冰岛前总统、北极圈大会主席、冰岛大学政治学教授奥拉维尔·格里姆松。

我们讨论了对人类生活构成大挑战的关键问题，以及解决

图 7-7 腾讯对话：全球应对食物、能源、水挑战之新模式

这些问题的新思路和新模式。

以下是我们对话的部分内容。

为什么我们要讨论 FEW（食物、能源和水）？

世界是一个相互关联的整体，我关心的是我们能否综合地理解我们所面临的挑战。

格里姆松： 我们现在生活在人类前所未有的新型特大城市中。但许多人没有意识到的是，人类历史上第一次有超过一半的人口生活在城市中，而且在二三十年后，三分之二的人口将成为城市居民。未来这些庞大的城市——其中一些甚至还没有开始兴建——大多数将出现在亚洲、非洲和世界其他地区。

这个星球面临的最大挑战是：我们如何在不破坏地球气候的前提下向这些特大城市供应食物和水？

北冰洋的冰层正逐渐消失。这些情况也发生在中国及其周边地区，如青藏高原、喜马拉雅山地区。北极海冰的融化在亚洲造成了极端天气，带来了巨大的破坏。哪怕格陵兰冰盖只有大约四分之一融化，世界各地包括中国和其他亚洲国家的海平面都会上升大约两米。这意味着亚洲所有沿海城市将不再宜居。

中国资深冰川学家、中国科学院青藏高原研究所所长姚檀栋表示，按照目前的气候变化速度，喜马拉雅山脉的大部分冰川，毫无疑问将在 21 世纪末甚至之前消失。这将对亚洲特别是中国的大江大河以及中国的农业生产产生巨大影响。

冰川融化的"元凶"正是亚洲和世界各国目前都在使用的能源系统。随着亚洲人口的增长，我们必须在所有新型特大城市中大力推广清洁能源，我们也必须确保在不破坏地球环境的情况下生产食物。

因此，我今天要传达的信息是，人类历史上首次有超过一半的人口生活在城市中，而且我们也第一次生活在一个食物系统、能源系统、水系统和气候系统相互关联的时代。不管你在亚洲还是北极，除非我们认识到这种关系，并制定基于这种相互关系的食物政策、能源政策和水政策，否则我们将在今后几十年中面临巨大的麻烦。

我： 我经常谈论食物、能源和水。这是一个新概念，有些人会想为什么要讨论食物、能源和水？为什么要将其缩写成"FEW"？对我来说，这是为了让更多人理解气候变化，并且理解是什么原因导致了气候变化，以及我们将如何受到气候变化的影响。

过去许多关于气候变化的讨论通常关注机动车出行、化石燃料的燃烧等，还有大气变暖、未来的海平面上升……这些都是对气候变化的一种"捷径式"的理解。这种理解缺失了对地球复杂性的考虑。归根到底，人们最需要思考和理解的是食物、能源和水以及彼此之间的关系。

我们的食物需求、能源需求和水需求是导致气候变化的最关键因素，包括我们的膳食结构，比如吃很多肉还是不吃肉、房屋采暖用什么能源等。许多人不知道，很多国家的能源预算可能有一半是用于办公室或住宅采暖，或者在炎热地区制冷，这仅仅是为了满足体温的需要。这些需求都与食物、能源和水有关，它们是推动气候变化的原因。

当影响气候变化的因素发挥作用时，我们的食物产量会受到影响。我们要确保农业尽可能地保持生产力，这会影响我们的水供应。在这个世界上，过去依靠水来生产食物的地区，也许现在经常发生旱涝灾害。而对于能源，我们必须转向可再生能源。

我认为，在当前这个历史时刻，我们的教育模式、理解世界的智识范式，不足以处理我们所面临的问题。我们需要引入更多的模式，实实在在地有机整合不同的因素。这就回到上述关键词"FEW"。

让我来举例说明。

几年前，我们在投资一家公司时发现，在世界各地，农民正在过度灌溉以增加产量，他们给农作物提供了太多的水。我们发现，农民的灌溉用水超出必要水平的40%。但问题是，他们没有好的工具和数据来识别理想的用水量是多少。这就凸显了技术的重要性，比如AI技术。

如果我们既想要增加地球的食物产量，同时又要避免破坏生态，我们实际上应该减少用水。许多国家高达40%～70%的水用于农业。因此，只要节约用水并同时确保农作物产量，我们就解决了很多问题。许多能源系统依赖水，如水力发电，甚至发展核能也用到大量的水。水是我们地球上许多能源系统的关键要素。

食物、能源和水，这些关键要素是相互关联的。我们需要学习如何以多学科的方式思考。而实际情况往往比上面我所描述的更复杂。

现在，我们正处于全球新型冠状病毒肺炎疫情中。这次疫情如何影响食物安全，六个月前可能无人关心，现在这已经成为许多国家的热点话题。

无论是对于肉类生产还是贸易为应对这场疫情所发生的变化，无论是对于燃料的价格还是能源的其他方面，我们都需要更好地预测这些因素和人类的关系。目前的情况是，我们总是后知后觉。发出预警的专家可能不会得到太多关注。人们没有经过这种复杂性思考的训练。我们发现自己毫无准备、没有情景规划、缺乏相关对话。这是人类前进路上面临的挑战。我们需要开发智力工具来有机整合我们周遭的客观现实和科学现实，这需要依靠地质学家、生物学家、森林和海洋专家，以及其他领域专家的共同努力探索。

我们必须更好地有机整合这些关系。因此，通过引入"FEW"这个术语，可以鼓励人们对这些领域进行探索性的尝试，首先从食物、能源和水这三个领域开始。除此之外，引入"FEW"术语当然还有其他因素。但我关心的是，我们能否综合地理解我们所面临的挑战。

为什么 FEW 对你这么重要？

让我们首先从一个问题开始。

我：　　　FEW 对生活中的每个人、每一家企业都很重要。

　　　　　　在你想长期做某件事前，你要问自己：为什么要这么做？比如创业的时候，为什么要创办腾讯，而不是一家咖啡公司？答案不仅仅是我想赚钱。我在腾讯工作了 20 年，每天都感觉很兴奋。它之所以有趣和令人兴奋，是因为我们对"你为什么这么做"有不同的视角。我 1994 年来到中国，因为我对中国作为一个发展中国家非常感兴趣。那时我大概 20 岁，产生这个想法是从我想在世界上做一些重要的事情开始的，我想让自己在促进各国的关系与合作中发挥作用——我痴迷于这个想法。但作为一个年轻人，我不知道怎么做到这一点，因此我在中国做了很多尝试。

　　　　　　我在 2000 年认识了我们的高管团队。1999 年，我开始与我们的投资者——南非报业集团 Naspers 合作。当我们确定腾讯的使命时，我们总是在思考：我们开发的技术如何能尽可能多地产出社会价值？因为我们从根本上关心人，我们从根本上期待一个更和平的世界——一个你可以看到人们的生活质量不断改善的世界。这是腾讯多年来的信仰，即用互联网改善人们的生活质量。

那么，工人在餐馆辛苦了一天后，我们怎么让他卸除疲惫、展露笑容？出租车司机在经历漫长的一天后，怎么能真正愉快地度过一两个小时的闲暇时光？也许他可以和家人联系，并以很低的成本实现。我们应该打造一种商业模式，以便我们可以持续地提供服务。众所周知，我们的很多产品都是免费的，但即便是免费的，我们也总是考虑能否给人们带来额外的价值。为了做到这一点，腾讯进行了日复一日、年复一年的艰苦探索，目前已成为世界上最具竞争力的公司。在这个过程中，除非你以人为本，考虑人们的需求，否则就会缺乏后劲。总而言之，你得学会共情。

我之所以思考食物、能源和水，这和我作为腾讯高管形成的思考模式相关。我们还能做些什么来满足人们的需求？我从帮助人类的角度出发开始思考。所有腾讯提供的服务，包括我们的娱乐服务、通信服务，都是与大脑互动的东西，这些体验大多是通过眼睛和耳朵感受，然后通过手指敲击键盘、触摸手机屏幕实现的。但我在想，我们的技术如何服务于整个人体呢？比如，我们如何利用我们所掌握的计算机科学和电信技术满足人们的健康需求？这就有了我对环境问题和 FEW 的思考。

我在这里想表述的是，我如何思考和处理一个问题。我认为，如果其他企业或组织想要有一个首席探索官的话，这可能是一种策略。做首席探索官的一个关键原则是先从问题开始。

比如，当我们面临健康挑战、食物挑战时，我们可以用我们的专业知识，如计算机科学、电信、App 程序，来提供哪些新的解决办法？我们还能做什么？

对于 FEW，腾讯一直在这一领域深耕，了解挑战，然后尝试新技术。我们很清楚地看到，这些领域有大量的价值可以创造。在我们擅长的互联网领域，AI 映射到了这个目标设定过程。AI 系统的目的，是试图优化某个结果——你可以获取越来越多的数据，用来针对目标行动并采取智能决策。因此，如果你想以最低的价格拥有最佳的水质，那么 AI 技术也许能帮你完美地解决这个问题，因为你可以从越来越多类型的传感器中获得越来越多的数据，你可以量化正在测量的自然界中的每一个因素对清洁水的贡献，然后你可以降低所有的成本、减少所有的能源和所有的化学物质。像腾讯这样的公司非常适合开发这些技术。

我们不需要总是靠腾讯单打独斗。我们在世界各地做了很多投资，多达数百项；我们也会支持其他类型的项目，比如学术机构、研究机构等。我们提供支持的方法有很多，比如组织人工智能比赛，事实也证明了人工智能的优越性。

所有的飞跃都是从一个问题开始的。人工智能能改变世界食物生产吗？不仅仅是腾讯，世界各地的专家都在利用并开发人工智能，谈论什么是可能的。这需要一点时间，但最后可以展示一个结果。我认为这是一个健康的过程，可以应用于许多不同类型的问题。

之所以腾讯从大目标开始，是因为它有意义，对地球很重要，与地球上的每个人都息息相关。无论贫富，我们都需要健康的食物。随着人口的增长，我们需要越来越多的食物。我们需要解决方案，然后让技术为我们所用。这不是靠一个点子就能够形成的市场，这些问题是我们必须解决的问题，我们必须取得成功，而不只是等待市场的反应和其他人来行动。我们必须确保我们正在创造这些解决方案。我们要集中精力，把它搞定。

这对于腾讯来说是一个很好的领域，它完全适用于我们的人工智能核心战略。我们从很多不同的方面学到了很多东西。

如何在全球推动足够的能源转换，以减缓气候变化及其带来的影响？

当你一步步分解时，很多看起来不可能的事会变得可行。

格里姆松： 5～10年前甚至更早之前的概念是，清洁能源取代化石燃料如煤炭或石油可能需要几个世纪。但现在，在过去10多年里，我们见证了巨大的进步，各种形式的清洁能源——地热、太阳能、水力发电——更具竞争力，成本更低，比以煤炭为代表的化石燃料更好。

以冰岛为例。在我年轻时，冰岛超过80%的能源靠进口石油和煤炭。在清洁能源方面，我们现在是世界第一。我们 100% 的电力和房屋供暖来自清洁能源，包括水电和地热。我们周围的国家或地区，如挪威、苏格兰、格陵兰岛、法罗群岛，也就是北大西洋北部的这个三角形地区，现在 60% 以上的电力是由不同形式的清洁能源生产的。我在德国、英国、中东也看到了类似的趋势。几个月前，我在阿布扎比看到巨大的新建的太阳能发电站，其中一些是与中国合作建造的，它们的发电价格更便宜。

中国应该得到大力赞扬，因为中国在过去的 10 年里几乎成为全球所有形式清洁能源的领导者。如果不是因为中国，我们不会像今天这样有价格低廉的太阳能和风能。当我 10 年前谈论这些问题时，每个人都把中国视为问题所在，而现在中国已经成为解决问题的首领。

我很荣幸，冰岛曾经帮助中国从煤炭驱动的城市供暖系统过渡到地热系统，从而使中国的城市更清洁。坦率地说，用清洁能源供热和制冷对城市来说不仅仅是一个环境问题，这也是一个健康问题，甚至是生死问题。

2019 年，世界上有 700 万人死于城市污染。

我们讨论了很多新型冠状病毒肺炎疫情造成的死亡，但到目前为止，死于新型冠状病毒的人只占每年死于城市污染的人的一小部分。我们在城市中使用的基于化石燃料的能源比新型冠状病毒更能威胁人的生命。这是一个惊人的陈述，但这是事实。我们需要使用清洁能源，让孩子们在没有肺部疾病的情况下长大，让人们活得更长久、更健康。

我： 在我看来，一个国家的能源转型战略其实是很多地方战略的汇总。围绕能源转型有很多争论，但我相信，我们所拥有的选择更加多样化了。例如，为什么要建议冰岛发展核能呢？实际上，它用水和地热发电就已经足够了。

基于你在世界上所处的位置，你对能源会有不同的选择。一切能源的使用都不是放之四海而皆准的方案，你需要考虑哪种类型的能源对你所在的地区是最优的。

不过，还有第三点，这是全新的观点。与我刚才谈到的人工智能类似，我相信有一种全新的、几乎可以像一个调用应用程序般的革命性手段，可以更好地匹配能源的供求。我们可以优化绿色能源的使用，通过定时和排序，把越来越多的能源需求和电网中的绿色能源匹配起来。

举个例子，如果中国每个人都有一辆电动汽车，市场上就有10亿辆电动汽车，所有人下午6点回家给车充电。电网会发生什么？它会有一个巨大的用电高峰。为了满足人们的用电需求，你必须使电网拥有强大的发电能力。但如果我们可以智能地将时间间隔出来，让大家错峰充电，就会使电网的负载更加均匀。比如一些人晚上6点开始充电，有些人晚上7点开始充电，一些人在午夜12点充电，目标是确保每个人都能在早上7点前完成充电。

错峰充电不需要那么强大的发电能力，但每个人都得到了他们想要的结果。这是一个利用人工智能来匹配电动汽车需要的能源与绿色能源供应量的例子。当你一步步分解时，很多看起来不可能的事会变得可行。最后，我们可能会发现——利用新的人工智能，我们实际上有太多的能源可以使用，但如何利用这一优势为人类做出积极贡献？这是一个令人兴奋的未来，我们正朝那里前进，前提是要做对。

如果你想改变世界，但世界不允许你这样做，因为政策障碍、利益集团、消费者意识等，你该怎么把观念落实为行动？

首先从问题开始，越具体越好。然后明确一个负责人，用小笔预算建立信心。

格里姆松： 我认为，总结过去 5 ~ 10 年的经验是，世界对新想法非常开放。如果你想想腾讯在中国创造的变革，或者谷歌或苹果在美国和其他地方创造的变革，你就会发现好像这些公司横空出世，通过新观念改变了世界。目前仍然如此，我们生活的这个时代，新观念的全球化正以前所未有的速度向前推进。

是的，我们在旧的政治外交模式的基础上还有一个舞台，仍然存在无知、敌意或对抗。但好消息是，对能够改变世界的新观念的信任现在是如此强烈，没有任何障碍可以阻止这些潮流。其中被热捧的新观念是人工智能。正如大为所说的，现在每个家庭都可以出售家里多余的电力，如果他们屋顶上有太阳能，或者外面有风电，那么每个家庭都可以成为一家电力公司，这对于在一个只有国营电力公司的世界里长大的人是一个奇怪的概念。如果他

10 年前发表这种言论，大多数人应该说，这家伙疯了，人们不知道他在说什么。但如今，新的观念正汇聚成前进的洪流，我看不出有什么力量能阻止它们改变世界。

　　拿我们的"北极圈"来说，现在我们成功地为北极、亚洲、欧洲等所有地区建立了一个大的国际平台，聚集科学家、商界领袖、政治领袖、环保人士、活动家、原住民，使得他们能以非常有建设性的方式相互交谈。这是我们在 21 世纪合作的新模式。旧的模式是，以地位决定发言权。然而这种模式已经过时了。我们现在生活在 21 世纪，生活在一个年轻人资讯丰富、学生成为活动家的年代，他们塑造的世界比古董外交官们更有趣。因此，当我们构建"北极圈"时，我们邀请来自世界各地的不同伙伴提出办会申请，一旦我们接受他们的申请，他们就对会议全权负责。他们可以选择演讲者。在这种模式中，每个人都能参与，年轻的活动家和国家总统有同样的权利站起来提问、召集会议。这是一种非常重要的模式，因为我们生活在必须倾听每个人意见的时代。

我：　如何在现实世界中落实观念？如何行动？这是问题

所在。答案是，你必须首先设定目标。

我有机会与世界各地的人见面，有时与政府或组织会晤，但我发现他们的一些目标不是很具体。如果你想做关于气候的事情，你就必须决定具体对气候做点什么。你打算改变燃煤发电厂吗？如果采取关闭它们的策略，你就要有一个关闭燃煤发电厂的时间表，并投资新能源。

行动方案必须非常具体，所以第一件事是要真正弄清楚你想做什么。

第二件事也非常明显。你需要任命负责人来完成工作。比如，如果今天没有人管理微信，当问题出现时，就会出现非常糟糕的情况。我们全天候运行服务，有很多人分工负责。当你在一个地区执行一项新的行动，比如改善我们城市的水质时，谁是对此负责的人，你的任命越具体越好。

这听起来很容易，但我发现，在实践中，它往往没有得到解决。你很难找到真正负责的人，世界各地一直都存在这种市场失灵。

为了弥补市场失灵，我不时提出一些建议。最有帮助的是，比如市政府或者其他组织，应该有战略运作预算来满足它们的需要。

首先，从问题开始。我一直强调这一点。明确我们具体打算怎么做。然后，我们做一个预算给那些我们想与之合作的公司，也许有 50 万美元。也许我们可以尝试在城市进行小范围试点，关键是先行动起来，就像创业公司一样，从少许资本开始。最后，知道目标是什么，评估不同的解决方案，然后扩展那些真正有影响力的方案。这样做，50 万美元的项目会成为 500 万美元甚至是 5 000 万美元的项目。

要采取实际步骤来沟通和学习，用小笔预算建立信心。这样，你才有信心进行真正的大笔投资，以解决你打算解决的问题。

有时你解决了一个问题，又出现新的问题，也许我们还有另一种解决办法。比如 Space X 在几周前把两名宇航员运送到空间站，然后埃隆·马斯克在推特上说：睁开眼睛，抬头看。

太阳在发光，风在吹，我们能做的太多了。

格里姆松： 好，我可以评论一下，为什么我不欣赏埃隆·马斯克在电动汽车和巨大的太空火箭方面所做的事情。

一方面，我认为，他和其他人带来了一个很危险的观点，即为了拯救地球和创造一个安全的未来，我们需要现在来看还遥不可及的宏大解决方案，比如把人类送上火星。但事实是，我们有现成的解决办法，我们有现成的技术团队。十多年前，在阿布扎比，我们为马斯达尔市揭幕，这是一座以零废物、零排放为原则建造的城市。我们现在有了建造无污染城市和回收利用所有废弃物的技术。

解决方案已经存在了。

另一方面，我们需要认识到，我们每个人都可以行动，我们不必等待大政府或大公司来执行它们。我要说的是：不要站在那里仰望星空，等待来自天上的东西。而是从现在开始在地球上进行改变，因为我们已经有了可以这样做的技术和能力。

我： 我们先从生物学角度来说，每个有机体都被优化，以便在一个特定的环境中生存。在我们自己的身体中有一个复杂的生态系统。当你去太空时，我们每个人，我们的身体、我们周围的生态系统都还没有被优化到能生活在太空中，所以我们进入了一个最凶险的环境。作为对人类潜力的探索，我们为什么在这里？地球外有什么？这些问题的答案太迷人了。这是非常有意义的，但我们不应该把这种好奇心和我们以何种方式生存的问题混淆起来。

地球是一颗特殊的行星，我们经过了特殊的进化才能生存。与探索其他行星和探索如何在那里生活相比，在地球上做好更多的事情要容易得多。

当我们打算做一些改变时，有时会担心最终的结果还不如现在，但这实际上是完全错误的。冰岛就是一个很好的例子，我们最终得到的是丰富的能源。如果我们在地球上得到越来越多的绿色能源，就像冰岛的情况一样，我们将拥有用不完的、更多的能源，而且不牺牲环境——它的存在是因为风在吹、太阳在照耀，是纯自然的过程。

我们可以用我们生产的能源来做到这一点，我们可以在温室里种植越来越多的庄稼。我们最终会生活在一个能源富足的世界。我们有这么多的应用可以改善人类的生活，比如可以在不影响环境或零噪声的情况下使用电力飞行，这比我们使用汽车的速度更快。在改善人类的生活方面，我们能做的事情太多了。太空探索是有意义的，但我们不能将它与重构地球混为一谈。

技术是解决所有问题，如水问题、污染问题的唯一途径吗？除了技术，我们还能做什么？

也许仅仅改变人类的行为就可以做很多事情。

我：　　作为首席探索官，我专注于下一代技术——新的、从实验室里出来的东西或者有突破的东西。

　　　　我们能做的太多了，也许仅仅通过改变人类的行为就可以做很多事情。归根到底，这可能是我们最强大的杠杆——了解我们的行动如何影响环境，然后愿意对我们每天所做的事情做一些改变。我想强调的是，它和接受新技术一样重要。

第八章

为 FEW 而呼吁

2013 年，第一届腾讯 WE 大会走进公众视野，马化腾在大会的开场白中曾表示，这是一场不谈商业的大会，讨论的话题与商业、赚钱无关，而是面向未来，展现有格局、有想象力的东西。从此，每年 11 月份举办的 WE 大会就成了科学家和广大的科学爱好者们浪漫的聚会。腾讯在其中起到的是牵线搭桥、穿针引线的作用，用马化腾常用的一个词就是"连接器"。

从 2014 年起，我开始正式加入 WE 大会，并在每一届 WE 大会上发表演讲（2015 年我更多的是扮演主持人的角色，在此不做赘述）。我们举办的每届 WE 大会都关注三个领域：一是最新的技术进步，二是最前沿的科学发现，三是地球和人类面对的挑战。每次我们都邀请多位重量级的科学家来跟大家分享。举办 8 年来，我们共邀请了 70 多位全球顶尖演讲嘉宾，其中包括多位诺贝尔奖、图灵奖等顶级奖项获得者，横跨人工智能、生命科学、宇宙天文、深海探索、技术公益等数十个前沿领域。

目前，WE 大会已成为极具影响力的科技盛会，吸引众多观众关注，其中包括全球科技从业者、国内外媒体及热爱科技的青少年。我们的初心是连接人类最具价值的科学突破，从而描绘出未来的图景。我们期望通过 WE 大会探讨未来如何用科技改变人类生活、如何解决我们现在可能想不到的未来的很多问题。也正因为有了WE大会，我有更多的机会在这个每年一度的科技盛会上为"FEW"呼吁。下面，我想跟大家分享过去几年我在WE大会上的一些发言，希望能对大家有所启发。

透视100年后的五个法则
——2014年腾讯WE大会

大家中午好，我叫网大为，"网络上大有作为"的意思。今天北京这么蓝的天，给我一种非常怀旧的感觉，因为我1994年，也就是20多年前第一次来中国时，这个城市就有这么蓝的天。但我听说，现在这么蓝的天还是比较难得的。

一、中国的高新企业会不一样

我从2001年加入腾讯，如今已有14年时间。一个外国人在中国企业里工作，现在是"没什么了不起"，但在当年还是一件挺难得的事情。当时我有点犹豫，是否要在一个中国企业里工作？因为1998年的中国，整个互联网大概只有100万活跃用户，完全没有今天的规模；基本上没有什么高新企业，更没有什么品牌；而且腾讯那时也还不怎么赚钱。

但我一直相信，中国的发展会在世界上变成一个大的议题。

在这个过程中，中国的高新企业会起到非常重要的作用，中国也会有相对普及的国际品牌，能够在海外作为中国的代表，就像任天堂、索尼之于日本，三星之于韩国。并且，中国的企业走到这个阶段后，和其他国家的企业还会有所不同。因为中国规模大、基数大，因此企业做大之后，可能会成为另一种类型的、大规模的高科技企业。所以我觉得，如果我可以在这种企业工作，会非常有意思。而在这个过程中，如果中国企业里有个"老外"，对它的发展应该也会有所助益，所以我非常想在腾讯做事情。谢谢今天大家对我的支持。

二、准确预测未来十分艰难

今天要谈的话题是未来，正确认识未来、畅想未来。我们其实经常畅想未来，譬如个人做"三年计划"，国家做"五年规划"等。我们一般会想的是，三年后网速会有多快？新的智能机会是什么样的？但如果是 10 年甚至 20 年后的未来，这就是另一回事了，因为我们难以预测这 10 年甚至 20 年里会发生什么意料之外的事情。这些意料之外的事情会相互作用、相互影响，产生一个完全不同的现实。

我要说的就是这个，我打算把演讲弄得好玩一点。我们不谈三年、五年后的未来，我们来谈谈 100 年后的世界会是什么样。这听起来是不是有点荒诞？假如有人问你，50 年后的世界是什么样子？你都不知从何说起。这确实很困难，不过 100

年前的人类是怎么想象今天的呢？假设有个人生活在 1900 年，他会怎么想象 2000 年呢？他在想些什么？用什么工具来预测？准不准确呢？

有几幅图创作于 1900 年的德国，画的是他们想象的 2000 年的场景。我猜是一个德国人雇用了一位画家，让他画了一些主题为畅想未来的明信片。大家可以看到，第一幅是一列蒸汽火车拉着一栋新式高楼在铁轨上行进（见图 8-1），第二幅是一个人在表演的同时播放影像和声音给远方的人（见图 8-2），第三幅是个人飞行器（见图 8-3）。这些我们有的做到了，有的没有做到。但今天和当时的想象已经大为不同，当时的很多概念已经过时了。

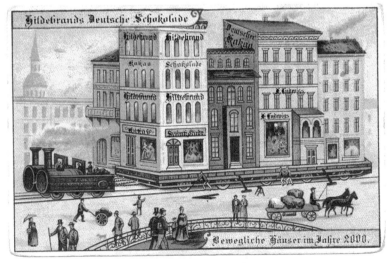

图 8-1 明信片：一列蒸汽火车拉着一栋新式高楼在铁轨上行进

图 8-2 明信片：一个人在表演的同时播放影像和声音给远方的人

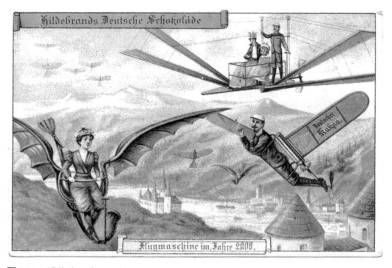

图 8-3 明信片：个人飞行器

所以我想说的是，未来是很难想象的，因为我们想象未来时，往往会过于关注当下。铁路是当时的重量级技术，所以人们会想到用火车拉房子；飞行是 1900 年的"新潮流"，人们便想百年后会有个人飞行器。

但我们往往会过度关注眼前。现实是，新事物的发展会一次又一次地彼此影响，彼此发生关联，使世界变得更加复杂，更加难以预测。这是讨论未来时需要注意的。另外要注意的一点是，是人决定了市场上的什么东西珍贵。随着人们价值观的转变，人在一件事情是否成功中发挥了极大的作用。眼下人们喜欢信息、看重信息，这才推动了所有相关科技的发展。而在 1900 年，也许人们并不觉得信息重要，人们觉得飞行才重要，全社会或许更看重飞行技术。

所以当我们想象 100 年后的时候，我们应想一想，有哪些因素我们较少谈及。

我举几个大家较少谈及的例子，比如人口。1900 年，地球上有近 20 亿人，1800 年，地球上有大约 10 亿人，100 年间多了将近 10 亿人口。中国的人口情况很有意思，我从网上查到一组数据，1900 年中国人口约 4 亿，1820 年有 3.81 亿，80 年间中国多了约 2000 万人口。我们看看接下来的 100 年又发生了什么，中国人口从 4 亿左右增长到 13 亿，全球人口则从 20 亿左右增至 70 亿。现在的预测是，再过三五年，全球人口会达到 90 亿。

但如果这个预测落空了呢，如果实际是翻了一番呢？决定人口增长的因素有很多，没有人能够预测，尤其像中国更不好预测。人口增长时，同时会有许多相关的发展，譬如市场变得更大。假如你有一个小产品，人口变多意味着会有更多喜欢你产品的人，产品成功的概率更大。人口变多也意味着，有好点子的人会更多，再加上环境、资源、污染等因素相互作用，会产生或好或坏的结果。

我是加利福尼亚州硅谷人，1900 年的加利福尼亚州有个比较严重的问题是马路上随处可见的马粪，所以当人们想象 100 年后的加利福尼亚州时，他们想解决的问题便是马粪。1914 年的美国，很多女性走上街头，争取投票权。她们想象世界 100 年后的样子，是未来的女性能获得多少解放和自由。但今天的世界并不仅仅停留在女性的投票权上了，女性获得投票权后，涌现了许多机会。当女性投入劳动力市场后，许多事情因此改变。但这很难预测，不是吗？

三、未来的变化会越来越快

说了这么多难以预测，但未来的变化肯定会发生，而且会越来越快。为什么变化会越来越快？我讲三个因素。

第一个是社会组织之间的合作更加便利。譬如创业，今天的创业与 100 年前很不同，这要归功于生态系统中的其他部分，如风险投资者更充分地参与，互联网推动了系统各部分间的沟通，科学发现与创业有了紧密的联系。今天，当你有了一项科学发现，你想的可能就是，是该继续研究还是该开公司呢？也许能够从资本市场吸收一笔钱，也许三年后首次公开募股并上市。另外，消费者接受技术的速度也很快。我们做软件的，做好了就发，几乎是立即发布。而如果你创业成功，可能你就会回馈学术、反哺创业。这是在 20 年前都还没有的事情，我们在有生之年便目睹了这一变化。

第二个是获取知识的成本更加低廉。知识是不断进化的，总在推陈出新。500 年前，人类认为地球是平的。而现在，四岁小孩就可以上网看国际空间站，看卫星绕着地球转。他不但知道地球不是平的，还知道地球是怎么转的，比我知道得早多了。这是他们这一代的起点：曾耗费一个人的一生去证明的知识，可能只需他们花几小时的时间去学，这就带来了一个重大的技术变化。

第三个是不同领域之间的合作更加密切。今天的嘉宾来自不同学科，他们都有一些很不得了的猜想，纳米技术可以与生物技术交汇，人工智能的成果可以为生物技术的策略提供帮助，人工智能又可以促进神经科学。互联网把全世界的专家连接到一起，使他们可以彼此沟通，这些领域会发生怎样的交叉，这是未来 10 到 20 年中非常令人激动的事情。

四、用技术改善人类生活

回顾 1900 年到现在，我们不难感觉到，未来还会有大变化。我想问大家：这是为什么？到底是什么界定了我们，是什么驱动了我们？我有个想法，我觉得我们这些技术人士，真的需要全行业一起努力，深化我们的追求，用技术改善人的生活。

关于这一点，我觉得社会上、行业里的讨论还不够。当你说到这类话题时，大家的反应几乎都是——"你真的是很想挣钱""你说这故事是想吸引我""你最后的目标是挣钱""你说那么多的大话只是为了钱"。如果我说得没错的话，这真是个大问题。尽管在座的技术同行可能都会遇到这类情况，但难道我们就这样被质疑声击退了吗？

首先，要在商业上成功，当个成功的企业家，你就要让人们满意你的服务，你就要有对人的深刻关怀。这是一个非常明显的战略原因：你的竞争对手做不到像你那样地关怀，那他们的服务就达不到你的高度。我在腾讯看到，我们的技术团队是最快乐的，他们很清楚他们的日常工作与用户有什么样的联系。这不是件容易办到的事，因为他们面对着很多压力、竞争、考核、目标等。但我们的团队将他们的工作与最容易快乐的人联系在一起。

其次，我们都想生活在这样的社会，我们都希望和做了不起的事业的企业一起共事。我们并不在乎它的决定是否一定正确，犯错是难免的，但当这样的公司犯错时，它会改正错误，这是推动它前行的根本动力。我非常想强调这一点，当别人问我："大为，你觉得 30 年后世界会怎么样？"我想，如果我们工作时的原则是以改善人类生活为根本目的，我觉得那就可以了，因为我们会利用我们的技术和创新让世界变得更好。

如果我们能不懈地改善人类生活，我们便能把技术上的事情做对，这应当是能为我们在座的各位所共勉的东西。就腾讯而言，我们并不完美，我们曾犯过不少错，但这是一个努力的过程，而我们正在取得进步。我们要坚持内省，人们对我们的抱怨是好事，这不断地鞭策着我们。

五、用热情的人文关怀走向国际

最后，我想谈一谈中国的情况。我作为一名国际人士，在腾讯工作了 14 年，办公室在美国，天天代表这家中国企业奔波忙碌。腾讯起初在海外的知名度不高，正在努力追赶世界科技前沿的步伐。大约在 2004 年时，我感觉中国已进入快速资本积累阶段，像我们这样的小公司正快速地壮大。

现在，我们在中国的规模已经很大了，我们也看到海外的机遇很多。但问题是，人们还不了解中国、不了解我们，因为一切发生得太快。很多人从没来过中国，对中国一无所知。这是个极大的机遇，我们迈向国际时，需要有很强的人文关怀，我们不能因为害羞而不去分享。中国的服务棒极了，中国的产品也棒极了，这归功于我们对用户的热情。我们要走的路还很长，但我想我们已经有了良好的基础。

当我们进军国际市场时，国际用户需要感受到我们的热情，感受到我们的工作方式很有竞争力。如果我们能做到这一点，我们就能够从资本积累阶段过渡到或许可以称为"对人类有爱、有热情"的阶段。如果我们能做到这一点，对中国、对世界都有好处，中国将对未来的世界有巨大贡献。谢谢大家！

如何利用新技术应对人类集体挑战
——2016 年腾讯 WE 大会

当下的世界有很多值得关注和好奇的技术，但是人类同时还面临着很多挑战，比如气候变化、水、物种等问题。

与受大众关注的前沿科技相比，人类面临的挑战本身受到的关注其实并不够：没有多少创始人重视这个领域，这个领域也缺乏合适的投资机会，有的领域是没有多少人做的。

当下人类具体面临哪些挑战呢？

第一是人口增长。现在世界大概有 76 亿人口，20 年内会增加到 90 多亿。根据人口的增长，我们可以预测世界将会达到什么样的状态，但是每个国家人口变化的状况又不一样。人口增长会给世界带来很大的影响。

第二是空气污染。数据显示，全球 92% 的人呼吸着不清洁的空气。

第三是水资源问题。有的国家缺乏水跟气候变化有关系，还有些国家的水污染很严重。

第四是食物问题。比如，吃肉和吃素的人对自然的需求是不一样的，同样面积产出的蔬菜可以喂养 23 个人，同样面积产出的肉类只能供养 1 个人，因为素菜和肉食产出所需的时间和资源是不一样的。

第五是气候变化。据我了解，光合作用在气温超过 42℃之后就会失效，因此区域温度太高会影响植物的光合作用，进而影响到人类的食品供应情况。

既然人类面临如此多的挑战，那我们怎样利用新的技术来解决这些问题？

我认为，解决这些问题需要下一代的基础建设。我希望在未来，人会变成情景模拟的高手，而不要让人成为测试的一部分，要避免一些有害的东西在现实世界产生了负面影响后，大众才意识到它们的危害。

微珠（microbeads）就是一个典型例子。微珠曾经被广泛应用在牙膏生产领域。微珠这种化学物质虽然能给人体带来清爽的感觉，但它被排放到江河湖海后，会导致鱼类的死亡。

基于此，我认为，人类生产的新产品需要做好产品模拟，"我们现在有大规模的数据分析能力，任何行为发生前都应该被好好模拟"。

但一个现实的问题是，没有多少公司的创始人对这种类型的模拟或者预测感兴趣。原因在于，他们作为投资者，最怕没有投资回报。

因此，如果消费者对这些很感兴趣，就会鼓励行业发展，政府也能通过免税等优惠政策扶持这类企业发展。

腾讯 WE 大会不是为了做科技秀，而是希望跟大家一起思考国际化、全球范围内的人类普遍性问题，希望通过这些领域专家的演讲，带领大众一起思考未来，一起想解决方案。腾讯也希望能发挥自己的作用。

人类的未来
——2017 年腾讯 WE 大会

我们的地球正在快速变化。

在几个月以前，我们的地球上发生了各式各样的我们不想看到的灾害，比如我的家乡美国加利福尼亚州以及佛罗里达州、得克萨斯州、波多黎各甚至爱尔兰都出现了飓风天气。但是不得不承认，当人们看到灾害发生在自己的家乡时，才会真正被打动。

我自己就亲身经历了气候变化。我的老家在距离美国旧金山北部一个小时路程的地方，那里是美国许多酒庄的所在地，气候一直是非常干热的，并且伴有大风。有一天，一根电线杆被大风刮倒后引起了大火，大火大范围蔓延，导致了许多生命的消逝。

图 8-4 是大火前后对比图。原本一个很漂亮的社区，在大火之后被夷为平地。

图 8-4 大火前后对比图

我今天来到这里想呼吁一个新的概念——行星范围的角度（Planetary Scale Perspective, PSP），即我们要有放眼整个星球的视角。我们都希望日子过得越来越好，我们会关心和关注我们生活的城市，比如我们会思考怎么改变北京会让我们的生活更好、更便利，但是我们很难去实时地关注我们生活的整个星球。

究竟如何解决现在地球所面临的问题？其实这并不难，我们只需要问对问题。世界各地有这么多优秀的自然科学家，他们每天都在提出这些问题。只要我们提出问题，我们就有可能找到了不起的答案。

下面用几个例子来解释我想要传达的概念。

大家都知道许多气候变化的相关数据。从图8-5中，我们能看到温室气体排放来源的比例。

建筑 6.4%
其他能源 9.6%
发电和供暖 25%
林业/土地开发 9.6%
工业 21%
交通 14%
农业 14.5%

图8-5 温室气体排放来源比例分布图

我们着重来看一下农业，在农业排放的 14.5% 的温室气体中有 10% 来自畜牧业。那么如果你午餐吃了汉堡包的话，你就可以联想到汉堡包里的牛肉其实就导致了这 10% 的温室气体排放。如果你知道你午餐中的牛肉会导致温室气体排放的话，也许晚餐你就会思考是不是吃点别的。

我刚才提到我们需要试着去回答问题，寻找问题的答案。

下面让我们看一下我们的土地是怎样划分的，其中的 71% 是适合居住的；29% 是不宜居的，比如火山地区。我们将宜居的 71% 继续细分下去，其中 50% 是农业用地，37% 是森林，12% 是沙漠，而城市区域只占 1%，所以我们需要关注的问题是：我们如何把这种不均衡的资源分配做得更好？

我们对于农业用地的划分又是怎样的呢？ 77% 用来养牛，23% 用来种植作物。

下面，我们来看一下人类身上的卡路里都是从哪里来的：只有 17% 来自奶、肉产品。也就是说，我们用了全世界 10% 的资源，但是它带给我们的能量（卡路里）其实很少。也许你觉得汉堡包很好吃，但是这笔账其实并不划算。

目前，人类已经达到了 76 亿人口的规模。人类的肉类食物主要包括猪肉、牛肉、羊肉、鸡肉，它们更是占了地球生命能耗的绝大部分，野生动物的占比已经无法与这些物种相提并论，甚至野生动物由于资源被侵占都要灭绝了。也许 60 年后，我们就无法再跟我们的后代提起老虎，因为他们可能没有机会看到老虎了。所以，我们必须要采取一些新的创新的方法来优化资源分配。这也就是腾讯目前在做的事情。

我作为腾讯首席探索官的职责就是去寻找创新，无论是AI、量子计算还是基因工程方面的创新，我们要寻找到相应的技术，去解决我们上面提到的那些问题。

如果我们可以实时追踪我们的地球，其实在很多方面就可以做出对应的实时调配。比如，政府可以及时给出更加合理的政策。当我们掌握地球数据的时候，我们不仅可以问出更准确的问题，而且可以做出更恰当的决策。很久以前，我们要花很多钱和很多时间去造一颗卫星，为我们回传信息。但是现在，我们知道，未来的卫星已经可以把我们带入之前我们未曾触及的地方，为我们提供更多更准确的信息。

另外，我们还投资了一家叫作 Zenysis 的公司，以协助发展中国家，如埃塞俄比亚，告诉它们如何更有效地分配资源，做更正确的决策，从而保证它们能用最少的资源做最多的事。

在能源、交通领域，今天来开会的大家可能都堵了一会儿车才到这里。我们都不喜欢堵车，但是我们可以看到，我们现在的交通网络大量使用的还是一些化石燃料，交通释放了全球14% ～ 22% 的温室气体。在美国，9% 的 GDP 都与交通有关。我们如何一方面解决温室气体的过度排放问题，另一方面又解决交通方面的需求问题？我们投资了一些与消费者相关的航载或者航天技术，如果我们可以减少空中飞行的时间或者起降的空间，那么我们今天就可以在河北或者农村居住，早上起来先喂一下我们的牛，然后穿上西装、打上领带，利用这个快速的飞行器垂直起飞后，跃过北京的高楼大厦，最后垂直降落去上班。下班后，我们也可以采取同样的方法回到家中。这将是一个非常大的突破。

另外，我们的生命健康尤为重要，所以基因工程领域也是我们投资的方向。我们希望在延长生命的同时保障我们的健康水平。有些时候，人类并不知道导致我们身患疾病的原因是什么。利用我们投资的这个项目只需做一个测试，就可以让人们知道他们基因中容易感染的疾病、可能存在的疾病风险、病原等。通过这种血液测试，我们就可以早早探测到基因中携带的肿瘤 DNA，并且探索其对我们身体的影响。这意味着我们以后不需要通过各种烦琐的测试，就可以防患于未然，在发病之前就可以预判出疾病。

12 年以后，我们的人口数量将会激增到 100 亿，我们必须解决食物供应和水资源供应的问题，除此之外还要解决肥料问题，以及农业中使用的化学药剂如杀虫剂、除草剂所带来的潜在问题，还有一些被我们畜养的动物也需要食物来保证它们的生存，从而间接保障我们的需求。我们现在投资的一家公司 Phytech，它让每棵植物上都附带一个传感器，这个传感器就像我们的心脏一样，通过传感器上的脉动信息可以反映植物的健康状况，并且可以节约 20% 的水，同时还把产能提升了20%。这种精准农业对人类的未来将大有裨益。

我们一直致力于与社会各界合作，包括这次腾讯 WE 大会，我们希望通过这种方式提高大家的一些意识，进行一些宣传，让大家知道我们在这些方面做出的一些努力。我希望每一个来到 WE 大会的人都可以看到，我们现在应用的科技对解决我们现在的问题所能带来的一些可能性。我们不能总抱有侥幸心理，认为这个问题还没有发生在自己身上或是寄希望于让别人解决问题，我们在座的每一个人都有责任从提出正确的问题开始。只要提出了问题，答案其实就在不远处，并且这个问题可能会成为你人生中最大的商机。如果你继续解决问题，探寻问题的答案，我相信我们必然能够共襄盛举。

打造"救命的 AI"
——2018 年腾讯 WE 大会

大家好，我在现场看到了不少小朋友，我希望你们好好思考今天的内容，我们真的很期待你们未来的成绩。

说到月亮，大约 60 年前，人类开始实施登月计划。为了实现人类登月的目标，我们必须开发各种各样的技术，比如宇航、火箭、生命知识系统等，这些研发都是为了一个目的：登月行动。

我们要了解一个概念：使命是最重要的事情。我们这一代人的登月行动到底是什么？所有人，包括刚才我看到的小朋友们，我们是否思考过地球上的人类所面临的最大的挑战是什么？这是一个大问题。

我们可以看一下地球的大发展趋势。现在，地球上已经有 76 亿人了。在过去的百年间，人口迅速增长。根据现在的预测，到 2050 年就会有将近 100 亿人。

我们要养活越来越多的人。我们需要拓展现在的体系，但是问题在于，我们用的体系架构并不合适，不足以解决这样的问题。可能几十年、几百年以前开发的那些制度体系，当时是适用的，而随着人口的不断增加，现在却不适用了。

我们可以看到很多指标，比如环境污染以及大气变化。这些变化的环境，还能让我们做想做的事情吗？有一些科学家意识到，现在大气中二氧化碳的浓度很有可能达到了 1 500 万年以来的最高值。

我们听说过时间旅行。如果你想穿越的话，你也可以想象一下。但其实你现在就已经穿越了，因为你现在所处的大气层就是 1 500 万年前的。我们可以看一下大气的构成，它的变化多么快，我们可以看一下结果是什么。我们不断地在刷新纪录，世界上那么多的地方，比如中国香港、中国华南地区、菲律宾，今年都经历过史上最强台风。今年世界上发生了 125 场台风，打破了很多纪录。

另外还有干旱。开普敦已经濒临"零水日"，大家可能不太了解这是什么意思，这意味着断水了：你打开水龙头，什么都流不出来，城市里无水可用。

在开普敦，有很多人会到供水中心排队领水，大概有 200 多个这样的领水点，我们有一些在开普敦的朋友现在正在经历这个局面。

如果你再看一下其他地区，大家觉得是湿润、寒冷、森林优美的地方，比如瑞典，在 2018 年就遭遇了热浪干旱和林火，这也是前所未有的。你到世界上看看，那么多的地方都出现了这样的情况。

对于我们来讲，我们很难理解世界怎么了。就像坐在一个汽车里往外看，我们看到周边的世界在变化，我们也不太确定应该怎么做，只是每天忙着日常，做我们想做的事情；但是，我们放眼向外看，又能看到那么多的新闻信息。信息太多了，我们不可能熟视无睹，那该怎么办呢？

今天我想讲的是，我们如何在地球上建立新的机制，满足我们的需求。解决方案林林总总，我们希望能够推出更多的解决方案，鼓励新的思想迸发，拥有前所未有的思想，不断提升能力来养活世界上不断增加的人口。

首先，我们必须要定义我们的任务是什么，有哪些领域是我们在运用技术时最重要的。如果可以的话，我想创造一个新词：FEW。食物、能源、水对于我们来说是最重要的，我们一定要解决这三大问题。

人们都得依赖食物、能源、水而存活，所以我们要探索如何在这三个方面持续满足人类的需求。而现在的气候变化给我们带来的最大影响，也恰好体现在这三大领域。食物、能源、水其实是相互关联的，它们的关系我在下文中给大家展现，FEW 就是我们未来之所系。

再给大家举个例子，一个有关沙特阿拉伯的例子，那里有非常炎热的沙漠环境，大概有 50% 的所用水源来自海水淡化，要用能源进行海水过滤，把盐水变成淡水。沙特阿拉伯人有了淡水以后，将 75% 的淡水用于农业生产。

水的第二大用途就是发电。为什么会用水来发电呢？因为如果你用燃油来发电，会产生热；而用水来发电，用水蒸气推动轮机，用水降温，发出的电又有 20% 用于海水淡化。从沙特阿拉伯的这个例子中，大家就可以看到存在于食物、能源、水三者间的循环。

现在回到我自己的国家——美国那边的水是怎么使用的？

你可以看到 40% 的水用于发电，也就是同时用化学能源和水去发电，并将 40% 的水用于农业灌溉。我们在家节约用水，能够对水危机、水挑战做出一定的贡献，但是倘若我们考虑到国家层面，就会对水资源问题感到无能为力。幸运的是，现在我们可以用技术去解决我们面临的很多问题。

比如在美国有这么多的水要用于发电，大家在美国发电系统数据分布图（见图 8-6）中可以看到，电的产生都关系到你要燃烧的一个东西。不管是烧煤、烧气还是用核能，都需要先加热，然后把水变成蒸汽，最后推动发电。

我们在这样的一个趋势中的挑战是什么呢？现在世界上的水体在变化，一些美国机构做了很好的研究，能够告诉我们这

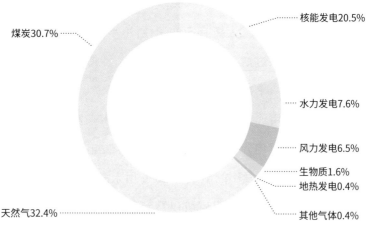

图 8-6 美国发电系统数据分布图

个情况。我们看到世界上水的分布在不同的区域是不均衡的。在 2002—2016 年世界水资源消耗分布图（见图 8-7）中，我们可以看到红色区域表示供水量或者水资源减少，而蓝色区域就是水资源增加的地区。

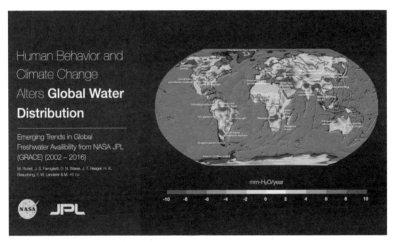

图 8-7 2002—2016 年世界水资源消耗分布图

这种区域变化在未来还会持续，然后会给人类造成很大的影响，这里既包括人类系统的影响，也包括气候变化的影响。这两种影响会叠加，影响到水源的分布。

再回到这个领域，我们其实有很多的解决方案可以去尝试，但是我想强调的一点就是，让中国及世界上的其他一些国家都感到非常兴奋的一项技术就是 AI 技术，它能够在解决这些问题方面发挥重大的作用。

但是，AI 技术怎样才能发挥作用呢？这就需要我们去积极开发 AI 技术，解决我们面临的问题，就像登月这项任务一样，我们很开心用新技术来解决我们的问题。

我们再介绍一下 AI 技术在这些方面的影响。我们之所以运用 AI 技术，目标就是使得我们的产出最大化，同时使得资源投入最小化。当然，你可能会发现有很多问题存在，但积极探索后你会找到进一步优化的潜在空间。

我们看看这些不同的企业、行业，怎么在不同的领域中运用 AI 技术，这样的技术如何面向未来，如何进行进一步开发？

首先，我们看一下户外农业。

我们有一个合作企业，它运用 AI 技术发展户外农业已经有好几年了。从它 2018 年的收获情况来看，在美国中西部（这是我们的玉米主产区），它的节水效果可以达到 40%，同时单位产能也可以增加。

我们也进行了计算，如果把这样一项技术用到美国所有的玉米产业带，即美国中西部的生产区，那么节省出来的水相当于美国所有居民 4 个月的总用水量——这个节水量是非常可观的。

如果你看到这样一个解决方案，你就会感到你必须去部署这项技术。只要知道这项技术怎么运行，就尽快把它推广开。

我也很高兴能够看到这样的企业尽快发展。

还有一个例子是在澳大利亚，他们获得了更好的经济效应。他们只是围绕杏仁这样一种农作物，就能够节约出澳大利亚所有居民两周的用水量。大家可以想象一下，这样的技术一旦能够用来优化我们的生产流程，使我们的资源投入能够实现最大化产出，我们就能够拥有多么大的收益，就能够在多大程度上去解决我们所面临的一些挑战和问题，所以这是我们亟待部署和推广的关键技术。

我们对于AI技术如此热情，可能实践几周就能见效。你能够获得数据，然后去运行人工智能的算法，从而给人们提供建议，去调整各方面的参数和机器的运行。

这样的一个流程如果能够实现自动化，还能够进一步取得更大的优化成果。现在这些应用还处于早期，我们还在等待它们产生切实的成果。在农业方面，我们的团队和我就在想，既然户外农业能用，我们何不将其用到室内农业和绿色农业上，看一看会有什么样的效果。

这边大家可以看到的就是我们的一张视频截图（见图8-8），它展现的是我们跟荷兰的一所杰出大学——瓦赫宁根大学一起合作的情况。

我们设计了一个挑战赛，我们要看的是哪一种人工智能能够在温室中实现最佳的农业生产。同时我们还设计了一个人工

图 8-8 与瓦赫宁根大学合作的视频截图

组作为对照组。人工组的耕作技术非常好，他们是世界上最好的一群农艺专家。我们培养的农作物——都是黄瓜——现在已经生长了两个月，会一直持续到 12 月底。

大家可能听说过一些有人工智能参与的竞赛，比如阿尔法围棋等。在全球农业种植大赛中，我们希望能够展示用人工智能种菜比人工种菜的效果更好。

因为我们意识到，如果能够证明这一点的话，这种技术的收益就能够很清晰地被看到，也就是用 AI 技术比用人工取得的效果更好。我们大概在前天还获得这样的图表，我们希望能够计算竞争的结果，把它换算成净利润，希望能够用最少的投入实现最大的产出，希望能够尽可能多地种出食物，但是又希望能够节能降耗。

所以，如图 8-9 所示，你可以看到一出一进后，净利润就有一个很大的提高，可以证明用人工智能种菜要比人工种菜的效果更好。大家看一下图中"人类"这条线，我非常高兴看到这一点并告诉大家人处于什么样的位置。我去设计这个方案的时候，我也不知道结果会是什么样子。

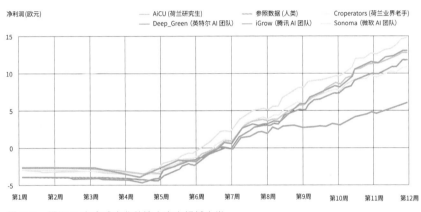

图 8-9 腾讯 AI 在全球农业种植大赛中超越人类

我们可以看到，有三个团队做得比人工要好，我们也不知道这会对我们的生产有什么样的影响。

腾讯派队参加了这个比赛，我们通过一个严格的筛选程序，选拔了一个代表队去参加。我们现在的战绩相当不错，竞争很激烈，我们还要再赛 5 周的时间，现在看到的这个未必是最终的结果，但是这样一个初步的结果已经足够让我们兴奋了，况且这还只是开始。

我们还与其他的企业合作，比如水务企业，通过运用 AI 技术改善水的生产，从而实现节能减排，同时提高效益。

现在这个启动还是由人工来做，AI 技术只是给人工提供建议，给现场的操作人员提供建议，这一块还没有实现自动化，但是这个成果也已经相当让人惊喜了。这样的成果只需几周或者几个月就能够部署下去，然后根据技术方以及操作方的合作情况，来决定这项技术的推广速度。

我们去推广 AI 技术的时候，我们看到它在电厂中的运用效果也是非常不错的。可能有人不愿意看到这张图（见图 8-10），因为很多人都说，我们希望尽快摆脱传统的、有污染的、排放二氧化碳的能源生产方式，但是现实就是世界各地都有火力发电厂，美国就有，其发电原理正如这张图所示。

对于目前已有的电厂，我们怎么办呢？我们有一个义务：

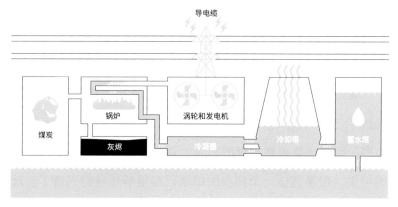

图 8-10 火力发电厂工作原理

既然我们要用到资源，我们就要尽可能高效地使用资源，减少烧煤的数量，减少释放的热能，减少水耗。大家看到这些生产工艺需要消耗多少水，比如依靠水蒸气驱动轮机的工艺，是不是可以减少水蒸气的消耗，或者减少冷却水的消耗？

我们还能不能在节能降耗时保持同样的发电量？这就是我们面临的课题。我给大家讲这件事，并不是想说腾讯在这方面有产品，或者在某企业有投资，而是想说我们看到这样一个机遇，太让人兴奋了。我们希望让世界各地的人组成团队，从事这方面的工作，我觉得对于人类而言，这也是一大机遇。我们也非常有幸可以了解到大家在这个方面的工作成果。

我们可以像上面的农业挑战赛一样，在这个领域找一些顶尖人才去参加竞赛。我们在座的一些年轻人也可以参加。

如果我们能够用 AI 技术来保障我们的 FEW，那么我们就有可能创造一个可持续的未来。

也有人好奇，腾讯在人工智能方面做了什么？大家知道腾讯公司聚焦于服务消费者。我们今年庆祝了腾讯成立 20 周年，其实 20 年来我们都在服务消费者，我们打造了各种服务模式，包括互联、娱乐、信息等各个方面，我们非常聚焦于个人。

我们在很多领域开发人工智能，但是我们的激情在于能够用人工智能推进医疗（见图 8-11）。我们非常关心人的健康，我们有很大的激情和希望能够优化大家的生活方式。

图 8-11 腾讯"救命的 AI"

我们在健康领域、医学领域去运用 AI 技术，如果做得好的话，我们能够更早地发现癌症和肿瘤，我们能够综合分析更多的数据，能够更好地进行诊断和治疗，同时能够推荐更准确的治疗方案，而且能够更好地了解心脏、脑、眼睛等各个人体器官的状态，从而更好地进行诊疗。

大家想象一下，在农村地区或者一些国家，那里并不存在专业的医疗知识，但你还是可以使用成像技术，以所获得的相当数量的数据做支撑，推动诊断技术的运用。

在这方面，我们就能够获得更多的信息，能够用尽可能低的成本获得尽可能多的洞见，形成尽可能大的成效。这个领域让我们倍感兴奋。

我们怎样进一步推进 AI 技术在医疗领域的应用呢？我们需要携手努力。大家一般讲到最后都会这么说，但我坚信这一点至关重要。

我想强调，很多领域可能并不是技术开发最热的领域，比如把 AI 技术用于水务就是一个例子。我刚才讲到，比如水务、发电对于经济来说非常重要，但它们可能并不是创投的重点。

作为政策制定者，即使对 AI 技术不是很了解，或者可能不是很清楚 AI 技术如何运用，但制定政策是政策制定者的专长。只要了解提高农业生产率的重要性、节水的重要性、减少煤炭使用量的重要性，政策制定者就能够给市场提供鼓励政策、激励制度，能够促进技术的开发，从而满足我们的需求。

如果有了收入、吸引力，那么创业投资自然就会被吸引进来，因为投资者看到了前景、增长，这样就能够形成一种良性的循环，使我们在这条道路上不断向前。但我们也希望这能够吸引从一开始就愿意承担风险的创业者，很多人也会了解到这一点的重要性。

这个时代最伟大的"登月"行动，就是要在地球上为人类建立坚韧的架构，这需要我们用不同的方式来工作，这需要勇气。

这很神奇，因为从本质上讲，你做的事情与过去不同了，你必须意识到，你在车内看到外面的世界正发生着什么。有的时候你可能会想：我就待在车里面，熟视无睹地继续开车，因为这样更安全。如果这样，你不妨换一种想法，思考一下：我怎么能够参与进去？我可以发挥什么作用吗？还是说我只是等着别人发挥作用就好了？

我希望鼓励所有人，使所有人鼓起勇气引领变革，从而实现变革。所有的这些领域都在我们眼前，潜力就在我们眼前。中国正在大力发展人工智能，这是中国的重点工作。

我们希望这样的成效，不只是在中国而是全球都能实现。我希望跟大家共同协作，我们一起把事情做成，谢谢大家！

重新"设计"地球
——2019 年腾讯 WE 大会

首先，我们要感谢在场来自各国的所有贵宾，以及全世界正在收看我们节目的观众朋友们。很高兴你们能来参加本次活动！

我刚才说的中文意思是，线上观看我们本次腾讯 WE 大会的观众已超过一千万人次，这才只是刚刚开始，一个庞大的群体正在关注我们取得的重要科学进展和学术成果。

我今天想谈的事，对今天在座的每一个人都有影响，那就是我们如何在 2050 年世界总人口达到 100 亿时，仍然能够在地球上维持可持续发展。100 亿人口，是经联合国预测得出的未来人口规模，这个数据广为人知。而对于如何应对气候变化等问题，我们真正要做的是重新塑造我们的星球，我们会引导人们以一种更智能的方式进行各种日常活动，以免破坏我们的星球。我们还将用一种可持续数千年的方法来满足我们的基本生活需求，不光是日益增长的人类，还包括大量别的物种。

现在，我将进行具体说明，无论在哪个地方，食物、能源和水都是最重要的。在座的各位应该有很多人都熟悉"FEW"这个词，我们在过去的一年中经常提到这个词，你们可以在很多文章中看到，这是我们对食物、能源和水的重要性的阐释，以及我们如何通过 AI 等新兴技术实现农业发展，并使满足能源需求和水资源需求的方式变得更智能化。"FEW"是我们刚接触的领域，其他领域我们也已开始探究。在接下来的一年中，我们即将出品一部关于全球水危机的纪录片，并且计划出版一本书，因此，请大家继续关注腾讯，了解更多相关问题，以及我们所面临挑战的详细信息。

今天我想谈谈一些新话题，主题是"我们在满足人类出行需求时所面临的挑战"。我指的不仅是现在，还包括未来 30 年的发展走向。我们要制定怎样的计划才能满足我们的出行需求呢？当前的相关策略是什么？

在开始之前，我希望回顾一下历史，并思考我们过去在满足人类行动需求上所做出的努力已经达到何种程度。想象一下约一百年前的生活：当你走进集市，希望寻找一种能从 a 点快速到达 b 点的方法，你可能会想要买一匹马。随后，一个名为"T 型车"的新事物出现了，即第一款真正量产的汽车——它在 1920 年拥有大约 50% 的市场份额，是当时市面上的主导产品。你可能会想，我是花和现如今三四千美元同等价值的货币去买这款看起来非常时髦的叫作"T 型车"的新车呢，还是买一匹马呢？

只有 25% 的人选择了马。这是一个很典型的假设，但是不管选择哪一种，它们都有能量需求。马需要喂食，而且实际需求量可能很大；而"T 型车"则需要加油。有意思的是，当我们对比它们的效益时，会发现汽油价格在一百年来基本没发生任何变化。我打赌现场有车的观众中应该只有少数人的汽车加满一加仑汽油能够跑 20 英里，是不是听起来很熟悉？这和一百年前是一样的道理。显然这不符合摩尔定律，但也不是没有规律，只是换了一种说法。

不过，它们都带来了废弃物的问题。"T 型车"解决了当时排泄废物"manure"的问题。有人知道"manure"这个词的意思吗？是马粪。我一直在说马粪很麻烦。马产生的粪便是一个令人很头疼的问题，这是一个中式笑话。谢谢你们捧场。不管怎么样，一匹马每年会产生 9 吨粪便。这就是过去在城市街道上所看到的场景。马粪造成了步行困难，我的意思是我们虽然可以走，但需要小心翼翼，每走一步就要低头看脚下。你能想象出你的交通工具能产生多少废弃物吗？虽然我们现今已解决了固体废弃物的问题，但我们又遇到了废气处理问题。每辆车每年会产生 4.6 吨气体废物，它会进入我们的大气层进而加速气候变暖。

所以，我们解决了一个问题，但又引发了另一个问题，而且这个新问题是目前世界面临的巨大挑战之一且导致了全球变暖。因此，是时候共同探讨这种现代汽车所导致的经济问题了。我们在开发和设计量产电动汽车方面取得了巨大进展，实际上，特斯拉最近在中国开设了制造厂，这是一项巨大的成就，我非常期待它的发展。但不要忘记，尽管取得了这些进步，但电动汽车的销量仍不到汽车总销量的 1%。

同时，请不要忘记，汽车就像饥饿的小动物，和那些马一样需要能量，只不过它们需要的是燃料。我们每年要用掉将近 7 000 亿加仑的燃料，而这些燃料将变成温室气体。我正在寻找一种可以体现出该数量之庞大的数据点或类比，但要找到类比实际上并不容易，也许 Brian Green 以后可以提供。就全球二氧化碳的排放量而言，这一数量是极大的，我们的地球已吸收了近 400 亿吨二氧化碳。

顺便提一下，这些排放量正在以每年约 3% 的速度增长。因此，即使我们在应对气候变化方面取得了进展，但二氧化碳的排放量仍在持续不断地增加，其中有 16% 来自汽车。我们面临的是一项重大的挑战。当我们查看国际能源署等机构的预测结果时（它在能源方面的考虑和有关地球的预测方面具有绝对的权威性），我们实际上看到的是到 2050 年的预测。在接下来的 30 年中，情况会更加相似。人类会使用更多燃料，排放更多的温室气体，发展中国家将尤为突出。即便是一小部分数据就足够令人震惊，因此，我们还有很长的路要走。

因为汽车将会越来越多，需要的燃料也会越来越多，碳排放也会不断增加，我们无法避免这种趋势。但我们要怎么解决这个问题呢？我们要做出哪些改变？这不仅涉及汽车和燃料，而且涉及我们所依赖的交通出行系统，即道路。但别以为道路是免费的，它们肯定有成本。比如，必须修建道路，这涉及高昂的建设成本，还有水泥——全球温室气体排放量的 8% 来自它。

世界上的公路总长度在过去 10 年内增加了 40%。未来 30 年内，全球最大的基础设施投资类别就是道路投资。如果一个外星人低头看着地球问，对于人类来说最有价值的是什么，答案就是这些道路。这是我们最大的一个投资类别，比电力、电信、水资源等的投资都要大。道路建设是一项世界性的计划，也是人类未来的任务，除非我们做出一些改变。

接下来，我会谈如何在短时间内做出改变。顺便说一下，很多道路等基础设施建设将在发展中国家实施。试想一下，在未来，路边一排排的汽车会占据大量空间。到时候需要多少停车位才能满足需求呢？

这就是我们即将面临并亟须解决的事情，我们必须找一个地方安置这些车，所以空间对我们来说非常重要。想象所有的汽车一辆接一辆停放，占据了一个国家那么大的面积，这就是地球上的汽车王国。想得再深一些，我们会发现除了需要修建更多的道路之外，城市化浪潮也会席卷全球，这是另一个完全不同的领域。中国和其他很多国家已经历过城市化浪潮，人们从农村转移到城市，再转移到市区，现在城市人口大约占总人口的55%，这个数字将增加至65%。到那时，世界总人口正好增加至100亿。这样一来，新增的城市人口将达到20亿。这些人口稠密的地区仅占地球陆地面积的3%。因此，这个趋势也是我们要考虑的问题。

我们现在已经了解了交通的情况，如果在城市规模越来越大的时候，又增加了更多汽车和更多道路，那么很可能会使交通更加拥堵。我一直在思考我们如何才能真正采用一种截然不同的、更好的模式，一种环保且不需要使人类面临艰巨挑战和重大压力的模式。我们是否真的能找到一种能让我们住在乡村但在城市工作的新模式呢？

因为我们都倾向于在城市工作，这样的话我们就可以和朋友一起吃饭、看电影。如果我们不是住在高楼大厦，而是住在郊区，这可能实现吗？

答案是肯定的。

如果我告诉你，现在有一种新模型可供我们开发呢？这种模型有可能在未来几年内推出，它仅以电力和空气作为基础。所以，你们可能会问：大为，我们需要做些什么来实现这一目标呢？你能提供电力吗？你能提供空气吗？怎样才能付诸实践呢？

看吧，我们已经做到了。

有谁听说过 eVTOLs（见图 7-6）吗？这是一种电动垂直起降飞行器，属于电动飞机，可以垂直起飞和降落。这听起来有点像是科幻小说里才出现的，不是吗？但它现在已经生产出来了，并将经过测试、改良后推向市场。有了这种新技术，我们就可以获得不可思议的新奇体验。

我想向你们展示它飞行时候的样子。这就是我们在德国的合作伙伴 Lilium 制作的实物模型。该飞机为电力驱动，可以垂直起飞，它不需要跑道，在起飞后就可以直接飞行，你可以看到它能做这样的技术动作。

图 7-6 所示的视频截图实际上是几周前在德国拍摄的，拍摄地离腾讯在德国的办事处很近，而且你可以看到它上面安装有 36 个风扇和喷气发动机，所以它的平衡能力非常出色。后

排有 12 个，前排有 24 个，移动范围是 300 千米，每小时可以飞 300 千米，载客量为 5 名乘客。它类似于一种汽车，但我们不要这么叫它。它是一架能垂直起飞的电动飞机，可以飞行 300 千米，然后在你的目的地降落。

你们当中一定有部分人很好奇在城市中看到它会是什么样子，所以我们做了一个模拟，这是虚幻的模拟。你可以看到飞机沿着一条航线飞行时的样子，它非常安静，没有什么噪声。

在现在这个位置，你是听不到任何声音的。在 300 米左右的高度，飞机看起来跟图 7-6 所展示的这个大小差不多。还有另一架，正从机场飞向 800 米远的小镇，人们几乎看不清它。很重要的一点是，它能很好地融入整个城市的运作，因为它没有噪声。

它可以作为城市现有运营的一部分，实际上是一种非常平稳的过渡，我们可以将这类飞机引入我们的生活中。现在，我们发现了一些很有趣的事情。当采用电力作为飞机的动力时，消费成本就下降了，这要比开车更划算。为什么呢？这个就说来话长了。不过，这类飞机的动力成本不到汽车所耗汽油成本的一半，比如奔驰，不仅仅是奔驰，其他品牌的汽车也是如此。

它的耗电率极低，基本上总是处于满电状态。未来电价可能会下降，你所需承担的电费也会随之减少。你可以根据每千瓦的电价标准计算出每兆瓦的电价是多少，测试你电池的容量，然后你可以在家估算它需要多少费用。你只需要估算飞机中的电池组的容量即可，计算很简单。

当然，我们知道，传统交通工具，比如直升机之类的交通工具非常昂贵，它们的运行成本对我们来说过于高昂。它们有噪声，又贵。但是，这架飞机改变了当前的局面。这些模型使我们改变了对飞行的看法：飞行交通工具不一定会污染环境，不必使用大量燃料，不会产生噪声，也不是只有少数人才能使用。当它对每个人来说都是更好、更实惠的选择时，就能真正普及每一个人，彻底地改变局面。

这将改变我们的生活。比如，你可以从北京首都国际机场坐这种飞机前往我们的腾讯 WE 大会现场，整个过程不超过一个小时，你只需不到 10 分钟就能到达。你可以通过一般性的假设来设想有关操作。我甚至有时候会想象：如果住在像承德避暑山庄这样的地方，一回到家就可以享受清凉夏日。但从承德到北京，可能需要花三个小时或更长时间，因为你永远不知道路况如何。不过，有了这种飞机，来回只要不到一个小时，这肯定可行。这可以将那些乡村地区与城市地区连接起来，创造另一种生活方式，让你住在乡村但仍然可以享受城市提供的所有服务，并普及整个人类世界。

这是所有幻灯片中我最喜欢的一张（见图 8-12），因为这是连接各个地区的新范式。想象一下，那些降落场还未建设基

图 8-12 eVTOLs，没有公路的交通系统

础设施，但你可以在降落后通过本地非电网可再生能源（可能是太阳能、风能或者其他类型的能源）为飞机充电。总之，有这样一种位于地面的可再生能源，使得你可以落地并充电，然后继续前进，以此循环。

这比目前的汽车驱动方法更好，无须进行部分基础设施投资，这是一个很好的机会，实际上也是一种可行的模式。我认为，这正是我们在考虑如何应对日益严峻的气候变化挑战，以及城市化和人口增长问题时所需要采用的一种模式。在打造更为创新和智慧化的世界的同时，实现真正的绿色发展，塑造一个更加环保、更加可持续的世界，这是否意味着我们在倒退？

实际上，恰好相反，这反倒意味着我们可能会向前迈出一大步，而且是巨大的飞跃。

未来的生活可以变得更好、更快、更高效。但是，我们必须拥抱新科技，并学习相关知识，使其得到不断发展。人们需要经常思考、探讨与新科技有关的事情，而不是认为驾驶飞行交通工具是不可能的事。

不要说"我知道一些相关信息，但我认为不可能做到"，而要说"这可能就是未来所需要的"。我们不仅要了解生活中的一切，还要付诸努力，必须努力让它们成为现实。

变化不会从天而降，你需要让它变成日常，这就是我们想要追寻的未来。

我认为，尤其是中国，很有机会成为这项技术的先驱国家，因为中国拥有所有传统的基础设施投资和基础架构领导层，并且愿意接受新技术。我认为，中国可能成为首个或其中一个最早使用这项技术的国家，我们可以拭目以待。

我们很愿意与你们一起展开此类项目合作，我相信一定会碰撞出很多火花。那么，让我们一起拥抱美好的未来吧！

非常感谢你们来到腾讯 WE 大会，期待与你们再会。

寻找我们这一代人的"登月"使命
——CNN 专访

主持人:《华尔街日报》称，你是"押注了腾讯登月资金的人"。这是什么意思？

我：我个人很喜欢"登月"这个概念。这可能听起来有点不切实际，就好像会出现一些疯狂的点子。但我后来仔细思考了"登月"的含义。

事实上，它指的是像登上月球一样宏大的目标和围绕这个目标所做的各种努力，比如研发生命维持系统、制造太空服和火箭等。

我们的目的是尽一切可能优化方法、达成目标。我认为这是人类社会中一种非常重要的态度。作为人类，我们需要明确这些"登月"目标到底是什么。

举例来说，我们需要抵御气候变化。用来达成这一目标的手段在其他情形下可能不太适用或者听上去有些疯狂，比如碳封存技术。这项技术是将人类日常活动中排放出的二氧化碳封存到地下或其他地方。

我们如何才能开发出这项技术，用来直接抵御气候变化呢？在这里，"登月"思维就显得非常重要。

对于我个人来讲，我的关注点通常是目标，而不是具体技术，因为解决方法的出现往往是出其不意的。

主持人： 目前人们仍然在源源不断地建造新的燃煤电站，所以减少二氧化碳排放的目标确实看上去像"登月"一样艰巨吧？

我： 没错。我们需要不断探索更好的技术。对于已经存在的基础设施，比如那些燃煤电站，把它们全部拆除可能需要时间。

我们当下可以做的就是尽量提高它们的生产效率，使它们用最少量的煤、生物质燃料和水生产出最多的电能。更高效地获得电是我们的目标。

我认为，我们应该利用新的科技，比如人工智能，去提高效率。也许还有很多其他的解决方案，既不是碳封存技术也不是人工智能，比如来自生命科学领域的解决方案，我们可能并不能预见它们的到来。

对于这些，我们要持开放的态度。我们需要关注的是目标，即减少温室气体排放，抵御气候变化。

所以，对于意料之外的解决方案要有包容的态度。即便它们看起来似乎并不会奏效，我们也应该试着去了解，去做些调查研究，也许最后会发现绝妙的解决方案。关注目标才是最重要的。

主持人： 你刚才提到了人工智能。对于这个话题有很多讨

论。比如，有人说欧洲已经处在 AI 技术发展的初期。中国似乎
在这方面也取得了一定的发展，不断缩小与欧洲的距离。对此，
你怎么看？你认为中国能够迎头赶上吗？

我：我们目前处于人工智能发展的最初阶段。我认为人工
智能和计算机科学有很多相似之处，都是能够应用于一切事物
的技术。

比如，计算机技术已经应用在酒店、餐馆等任何产业，这
一技术本身就可以成为一个新产业。同样，人工智能也可以应
用于任何领域。它能够优化一切事物，或者从中找出规律。

目前那些还没有大规模应用 AI 技术的产业——比如能源领
域，是否有人在进行这方面的尝试？是否有人能够充分利用这
一技术，使能源网络中的供给和需求得以完美匹配？或者说，
是否可以通过 AI 技术提高电力生产效率？这是等待着我们去
探索的全新领域。

我认为，这是欧洲应当着眼的领域，因为欧洲有着极高的
工业化生产技术，也高度关注民生。

比如解决气候问题、改善生活质量等，这些是欧洲人每天
都在探讨的问题。

目前 AI 技术的发展还处在最初阶段，欧洲有机会成为这
些领域的引领者。

主持人：可能有一些致力于可持续发展目标的初创企业希

望和你对话，探讨它们加入腾讯探索计划的可能性。那么，你在选择企业进行投资的时候，标准有哪些？

我： 谢谢你问我这个问题。有三个方面我们非常关注，每一个都很重要。

首先，我的团队要看这家公司涉足的是不是具有重大意义的领域。这个领域不一定非常具体，可以是食物、能源和水，也可以是气候变化。

有的人会提出一些我们从没想过但富有启发性的提议，我们也是非常欢迎的。

我们并不需要企业有明确的答案，但它们所从事的事业必须是全球性的，不论是发展中国家还是发达国家，不论贫富，都能适用。我们想要看到的是普适性的新技术。

其次，我们想要看到具有说服力的解决方案——行之有效、具有经济效益等。

最后，我们要看的是企业创办者和领导团队的能力，这一点也是我们越来越注重的。因为有的时候企业看似万事俱备，有了出色的解决方案和高度智能的技术，但出于种种原因就是发展不起来。

这有点像体育运动：打网球的时候，每个球都是很重要的，打出界了就要失分，没打到也要失分。

有一些团队能够做出非常准确的、高质量的决策，每次机会出现它们都能够抓住，就好比在网球场上能够击中每一个飞来的球。只有这样的团队才能最终取得成功。

很难解释如何识别这样的团队，因为这更多的是一个关乎个人品质的问题。我们在挑选企业方面积累了多年的经验，但仍然在不断学习中。

我们需要更好地了解领导团队，需要看到所有必备条件。

主持人：刚才你提到参与了对特斯拉的投资，而且你还参与了 QQ 的早期发展和微信项目。你现在所做的事和这些项目之间有关联吗？

我：有一定的关联。我在腾讯工作很久了，差不多 20 年了。我几乎记得每一位腾讯高管入职的第一天。

我和腾讯有着很深的渊源。有时开高层会议，大家聚在一起，可能会有 500 人到 1 000 人。

有时，我会遇到 15 年前一起共事的同事。我和这个人可能中间有几年失去了联系，但再见面时会想起很多旧时的记忆。

可能是由于我的职位的特殊性，我在与各个部门沟通时比较游刃有余。针对不同的问题和机会，我需要与不同的部门打交道，而这对投资组合公司十分有帮助。

我觉得，归根结底，在审视某家企业的价值时，要看它做出了哪些创新的尝试。

比如在医疗领域，我们拥有众多的用户和广阔的视野。腾讯是中国知名的媒体平台之一，我们有新闻报道和内容共享文章等用于探讨社会热点问题。我们也拥有自己的支付平台和网上资源，所以一切都取决于公司的需求。

腾讯从一家小公司发展到今天的规模，在这个过程中积累了丰富的运营经验，所以我们实际上是运营者。

虽然腾讯也涉足投资领域，与世界各地的企业家合作，但我们最擅长的其实还是管理自己的员工，保证企业的顺利运营。这并不简单，因为我们面临着各种问题，比如黑客攻击，所以要保证稳定、安全的网络。我相信这些运营能力和经验对一个团队来说大有裨益。

同时，我也希望能够将不同的团队整合在一起，比如让一个来自微信团队的员工也开始思考水资源的问题。这是一项长期的艰巨任务，但我在努力尝试中。

这是我在公司内部的角色，也就是和不同的团队探讨我们面临的各种挑战。

尽管他们的日常工作可能是游戏开发，但也要参与到这种集思广益的头脑风暴中。

很难说我之前的工作和现在的工作到底在哪些方面有关联，或者说有哪些新变化发生。我想做的就是让公司的员工能够积极地思考社会问题，促进思想上的交流。

这永远都是进行时，可能会贯穿公司发展的整个历程。

主持人：当你离开中国去世界其他地方时，你介绍自己来自腾讯，大家的反应是什么？

我：我自己感觉大家的反应很不错。当然，你不知道别人背后会怎么说，但我感觉是不错的。

作为一家企业，你永远需要承担创造价值的压力。市场竞争很激烈，如果你贡献不出任何价值，人们可能就不想邀请你去参加会议，不想看你的企业介绍册，也没兴趣了解你的想法。

腾讯自建立之初就面临着这方面的压力——我们能够创造出什么价值？这也是我们的企业原则。

我们始终在思考如何创造用户价值，如何与合作伙伴共同创造价值，如何做到不浪费他人的时间，等等。

在这方面，我们从没有停下努力的脚步。我觉得我们做得还不错。

腾讯有着丰富的经验、众多的资源和独特的业务模式。

中国很显然是个富有潜力的巨大市场，我们欢迎每一个想要进入中国市场的企业。

主持人：最后一个问题：你是气候事业的支持者，你对瑞典环保少女格雷塔·桑伯格怎么看？

我：我深受感动和鼓舞。有人站出来，用非常震撼的方式说出那些显而易见的道理，让我们从不同的角度思考气候问题，这太棒了。

这对于我们来说也是非常重要的，因为人类目前真的应该对这个问题有更多的关注和思考。这其实和"登月"思维类似。我们确信人类必须要解决气候挑战的问题。

每个人都应该意识到这是当务之急，是切实存在的问题，必须要解决。一旦明确了这个目标，我们就要去寻找一切可能的解决方案。

政府、企业和个人都应该以不同的方式做出努力。

格雷塔所做的就是传达这样一个信息，并坚持不懈地推进这一事业。我认为，年轻人能够在其中发挥极重要的作用。

今天的年轻人似乎变得非常安于现状。但现在站出来指出气候变化这一重要问题的也正是年轻人。

我觉得在这个方面，我们要赞扬这些年轻人，要倾听他们的声音，要相信他们能够取得更大的成就。二十年后，当我们回望今天，可能会发现我们做错了很多事，可能会问为什么当初没有多听听年轻人的声音。

就像我们今天在回顾历史时可能会问：为什么那时他们没有投票权？为什么他们不能做这个、不能做那个？同样，我们将来可能会问：为什么当初没有鼓励年轻人参与？为什么没有倾听他们的声音？我觉得这是今年发生的意义最重大的事情之一。

像格雷塔一样的年轻人能够站出来，告诉人们应当如何看待气候问题，推进相关讨论并且鼓舞世界各地的其他年轻人加入这一事业，我感到很激动，我为她鼓掌。

主持人： 非常感谢。

远大的商业投资应解决人类和地球所面临的发展问题
——联合国专访

2017年5月17日，联合国纽约总部举行了一次以"可持续发展与创新"为主题的高级别活动。联合国大会主席与联合国常务副秘书长亲自到会并发表讲话。我有幸参与了此次活动，随后还受邀做客联合国新闻演播室，畅谈我此次来到联合国参加会议的感受和对商业投资应该如何更加关注人类未来发展、如何应对地球面临的挑战所进行的一些思考（见图8-13）。

在接受主持人采访时，我表达了我的一些观点。

我们现在正在用一种比较老的体系和方式——大概是五六十年前或者100年前所建立的体系——做今天的事情，如开车和使用能源。但地球上的人口在不断地增长，现在是76亿，再过几十年会超过100亿。人们不难发现，使用原来的方式给地球带来的压力会越来越大。其实，人们在眼下已经感受

图 8-13 我在联合国新闻演播室接受采访

到了这种压力。所以，我一直在思考腾讯在这方面可以发挥一种什么样的作用。

目前人类在水、健康等诸多领域面临巨大的挑战，要解决这些问题需要人类做出共同努力。科技行业可以通过提供有效的科技手段大大提高人们解决这些问题的能力。而在投资领域，投资者则需要独具慧眼，在不断涌现的新科技创始人中找到那些能够代表未来发展方向、具有巨大社会发展潜力的创始人的项目进行投资。

腾讯有比较特殊的历史背景。使用腾讯服务的人可能已有18 年的经验，他们大概了解我们的企业文化。一开始，我们的服务是不赚钱的，QQ从第一天就是免费的。我们已经习惯了我们的服务不可能马上赚钱。但我们知道我们的服务蕴藏着很大的价值。我们发现，如果给老百姓提供价值的话，你肯定会有一个大的市场，你最后肯定有赚钱的机会。

通常来说，一家企业如果能够真正赚钱，它就会给社会提供一定的价值。所以，我们运用反向思维，从是否能够给社会提供价值出发考虑问题。我们会思考一项新的技术到底会给社会提供多少价值。

一般来说，我们跟新领域的一些企业合作，都是基于某种投资方式。当然，我们希望通过投资产生不错的回报，但我们同一般的风险投资商的一个很大的区别是：我们管传统的风险投资商叫VC（venture capital），其主要目标是投资回报。虽然我们也希望有不错的投资回报，举一个例子来说明我们的不同之处：有一些企业是做癌症早期诊断的，在你没有任何迹象的时候，它们通过抽血来检测你将来是否会出现癌症。这对于全球的男女老幼来说是一项非常具有价值的、新的、突破性的技术。万一这种类型的企业被收购的话，存在的一种可能是这家企业会被关掉，原来的研究人员也可能被要求去做别的研究。由于这项技术不做了，因此整个人类就失去了一个机会，失去了一个给全球老百姓提供价值的机会。我们会比较愿意创始人继续做下去，这非常重要。

我们真的希望除了投资回报之外，创始人真的能够实现原来的目标，而且我们希望，在他实现这个目标以后，我们还是他的股东。由于其中存在很大的价值，我们的投资最终也会产生很好的回报。而且这种类型的企业在实现它们的梦想之后也会带来一些新的方法和具有普及意义的解决方案。

对于腾讯来说，我驻扎在硅谷这么多年如果还有点价值的话，那就是我发现，硅谷还是有一部分创始人是在为了梦想做事情，而且这些梦想的确能够给人类带来很多价值。比如癌症问题，创始人可能一开始不知道将来的市场会有多大，他只是看到一些家人因癌症过世，因此想知道这种疾病产生的原因，他决心解决这个问题。当然，他也了解为了解决这个问题，他需要融资、需要取得成功、需要获得利润、需要有规模很好的商业模式，但他最后的目标还是要解决他原本想要解决的问题。

我们的合作伙伴特斯拉就是一个典型的例子。在它刚开始研发新能源汽车的时候，很多人都说它会失败、会缺钱，但它就是一门心思地要解决地球级的问题和所面临的挑战。

我不是说中国没有这样的公司，但我发现数量可能少了一点。我希望这样的公司能再多一点。这是一个最好的时代，可以让中国人用最好的核心技术来应对一些摆在全人类面前的共同挑战。

城市需要重新创新

——发表于《科学美国人》

为了利用新一代技术和解决方案，城市还需要重新思考市政管理。

虽然全球所有国际大都市的面积总和只占地球可用土地的3%，但这些国际大都市却装下了全球 55% 的人口。到 21 世纪中叶，这个数字预计将上升到 65%。届时，全球人口将增长到 100 亿左右。到 2050 年，城市人口总数将达到 66 亿。我们的城市正在面临越来越大的压力。

因此，未来的城市居民将切身体会到气候变化带来的严峻生态挑战，以及面临特殊时代的关键社会问题。这就要求我们的城市可以日渐成熟地满足人类需求。

我强烈地认为，城市必须拥抱创新从而应对这些挑战。创新是人类为满足自身需求而不断扩大的工具集。正是创新定义了我们不断发展的文明。然而，我发现，大家对于这一理念的解读，以及对创新深度的理解，可能截然不同。我认为，城市创新必须是综合的，不仅包括采购和运营新技术，而且包括对城市治理这一过程的重新思考。

更具体地说，我的主要建议如下：

为了做好应对日益增长的挑战的准备，加快应用创新解决方案，各城市首先需要考虑其基本的"操作系统"。这是城市管理者做出决策，分配资源，让私营部门得以参与、评估和理解所治理城市的依据。创新有助于推动这种领导力的良性循环和发展，并增强数据解读、理解当前"隐形"现象和问题的能力，刺激经济增长，最终帮助人们提高生活水平。

如果城市管理者没有从根本上增强其治理的科学性和艺术性，那么我就无法相信国际大都市能够尽最大可能抓住现有机会，拥抱新的技术和解决方案。也就是说，城市必须拥抱"全面创新"，城市管理者本身也必须不断发展进步。创新也可以推动治理能力的提升，从而提高决策的效率和自主性。

让我用一个常规的例子来阐述这一观点。

想象一下，一家初创企业想要在某个城市部署一种新型的传感器网络，比如空气质量监测网络，提供空气情况的分区域实时更新数据，以及基于机器学习的预测，还能结合城市中的其他数据来源对相关情况进行分析。

首先，创业团队需要一个机会，与政府共同探索城市治理中的机遇。但是怎么做呢？是否存在某个网站可以指导企业家或企业如何参与城市治理？有没有明确的途径或资源？这种资源是否正藏在某处？抑或被遗忘了？

相反，如果空气质量管理被视为这座城市的优先事项，那是否有某种机制主动向市场传达此事，以鼓励拿出解决方案的企业或者个人（无论是否来自本市）与行政部门接洽？是否存在醒目便捷的机制向公众传达城市的需求？如果市场上已经有解决方案，那么政府是否会优先考虑？

政府内部是否存在某种机制（比如一个专任团队，或者哪怕只是个经理），学习和了解近期的创新和创造，甚至可以了解乍看不显眼的新技术和解决方案？

现在，一些企业正在努力解决某个城市刻不容缓的问题。然而，这座城市的管理者可能没有现成的方法来了解和评价市场上的创新，甚至没有让外界知道政府正对收集相关信息感兴趣。

目前，一方面，许多天才的企业拥有强大的解决方案；另一方面，许多城市有非常迫切的需求和预算支持项目。但许多情况下，双方似乎缺乏有效的对接机制。在政府和企业这两个生态系统之间架设桥梁，是一个重大的机遇。

此外，当一个城市与初创企业合作，用预算创造市场机会时，不仅可以改善生活质量或提高决策水平，还可以提供市场机会和吸引创业人才，刺激当地经济。

许多城市尝试吸引顶尖的企业人才，但在吸引人才时，却并不一定充分了解自身的需求和市场机会，白白丢掉了机遇。

我们这个时代令人兴奋的机遇之一，就是能够在激励创业精神的同时实现就业增长，同时采用创新的解决方案，从根本上切实提升所有市民的生活水平。此外，如果你所在的城市是公认的"先行者"，那么就可以激励更多的企业在当地开山立业，做有意义的事，提高在企业界和市民中的声誉。

一个"有前途"的城市可以通过增强城市韧性，进行明智的投资，改善城市的生活质量，从长远角度降低本地企业的运营支出，以提高其对人才、房主、开发商等的吸引力。不断高涨的创新浪潮便可以让更多船只扬帆起航。

决策与评价方法

让我们考虑一下评估和决策过程。以空气传感器为例，城市管理者该如何评估并决定部署传感器网络？是否存在某种方法或某个团队，能够快速预测运营预算，说明必要的资本投入和运营支出等基本项目，并预测目标收益节能水平以及其他价值（比如减少二氧化碳排放，或改善健康指标）？这些工作可以只花几天甚至几周，而不必等上几个月甚至几年完成吗？对于企业来说，这些问题的答案是意料之中的，但放在城市管理级别上，就不便一概而论了，有太多问题没有答案，有些关键假设也不太清楚。

一旦做出部署决定，是否将项目委托给了权限够大的领导人？这位领导人是否又有足够的自由裁量空间？城市管理者要在多大程度上成功领导一个项目？该如何激励他们？项目部署后是否有评估机制，以确保项目执行达到预期效果？

对创新者来说，上述的所有原则都是商界司空见惯的基本操作。快速预测、快速授权、事后评估等都是创新者的工具箱中的一部分。我的观点是，全盘接受这种"全面创新"的方法，使城市能够更有效地参与即将到来的技术创新时代，应对全球挑战。

机会就是现在

技术创新领域的巨变已经近在眼前，它可以帮助我们应对世界级挑战。越来越多的初创企业涌现，它们可以帮助城市应对这些挑战。无论是水安全、交通、人类健康、垃圾回收、环境质量还是任何其他领域，无论是作为重要客户、合作伙伴还是推动这场变革的人，全球城市都是一个完美的创新催化市场。

城市管理者作为创新的驱动者，未来将扮演越来越重要的角色。他们通过开拓新市场，向企业家和创业企业提供现金流（创造新的工作机会），宣传新的创新解决方案如何改善生活质量等手段，确保重要的新技术蓬勃发展。

如果你当地的一家初创企业已经应用了解决方案，请告诉你们的姊妹城市，并支持你当地初创企业的成长！你可以在家门口就拥有一家新的全球领先企业。

对国际大都市而言，未来的机会与挑战将不再像今天这般重大，不断增长的人口将创造出空前的需求，现在是必须采用全面创新战略的时候了。

X 先生的故事

大家都知道，腾讯的大脑是一个叫"总办"的组织。

总办里有一位神秘的 X 先生。

这位先生行踪不定，有时在加利福尼亚州，有时在新加坡，有时在冰岛。

X 先生每次出现都会带来一些不一样的东西。

2009 年的时候，他带着一把吉他来到腾讯的圣诞晚会上。

2018 年的腾讯 WE 大会，他第一次提出 FEW 的概念。

2019 年，他介绍了一架来自德国的电动直升机，他说未来这可以取代汽车。

天马行空的 X 先生发起过一个叫作 Tencent Explorer 的项目。如果你通过了他的面试，你将有机会去美国待上三周，"思考那些也许在日常工作中没有机会思考，而你又认为对世界的未来非常重要的问题"。

他的想法总是很超前。在负责国际业务时，他曾经每周发一份关于互联网的趋势报告回来，在里面他介绍过一家刚出现的校园网站（Facebook）以及一个视频网站（YouTube）。

有一次，他非要拉着马化腾去种黄瓜，然后腾讯 AI Lab 就研究通过人工智能如何用更少的资源消耗种出最好的黄瓜，2019 年，他们从荷兰抱了一个奖回来。

在腾讯，有几个重要的选择与他有关：他帮助 MIH 在腾讯最缺钱的时候以 6 000 万美元的估值买下腾讯 32.8% 的股份；他曾强烈建议腾讯做游戏；他在内部普及和推广了 CE 的概念、理念和行动——CE 是一种强调深度理解用户需求和反馈的做法。

他总是说，我们应该做一点儿不同凡响的东西。他鼓励腾讯的员工应该先挑战自己，不要等总办说。

他是一位积极的创新倡导者，他列过一张创新清单，里面包括这样八条原则：

培养个人和团队的跨学科技能；提问，多多提问；给予社会学科与自然学科同样的关注；把培养对艺术、文化、娱乐和享受的热爱当作一种商界生存技能；不确定时，让你的道德观和原则来引导你；挑战传统思维；允许你自己有梦想；让用户参与（CE）来当你的向导。

2014 年被任命为腾讯首席探索官后，他现在的工作是"拓展腾讯的边界"。

他在世界各地寻找能够改善人类生活的"下一代技术"，最近两年他聚焦到了 FEW——食物、能源和水上。

像很多年前他在中国的网吧里发现了腾讯一样，他现在的探索也许是为了寻找"腾讯下一个爆发性的业务"。

他说，我们经常在投资中学习。他把新的讯息不断分享给总办。

这些年腾讯买下了一些很超前的公司，比如把植物传感器系统安装到美国、澳大利亚等国家的大型农场的 Phytech，以及今年成功发射"人民一号"对地观测卫星的 Satellogic。

在进行每一项投资前，他和总办都会细致地讨论，他们会提出更细致的问题，比如：有家公司开始有订单了，那么"付款周期如何"？

为什么腾讯能一直走到今天？ X 先生说，因为我们有一种多元而包容的文化。在总办里，每个人都不一样。在战略会上，他们公开互怼，但他们互相信任，互相支持。他们都一样关注细节。

回顾当年在赛格创业园第一次见到马化腾和创始人团队时，他说印象最深的是这群年轻人很快乐地享受他们的工作，"他们一起跑，不是为了钱"。

这就是腾讯（Tencent）。

这位 X 先生，他的全名是 David Wallerstein。人们更熟悉他的中文名：网大为——腾讯首席探索官（CXO）、高级执行副总裁，2018 年提出"AI FOR FEW"。

最后送一个彩蛋，关于 X 先生的 12 个八卦：

他小时候家里很穷，在中国餐馆打工。

他现在一直吃素。

他很喜欢攀岩。

他最喜欢的游戏是《英雄联盟》。

他说英语、日语、中文、冰岛语，还有其他语言。

他不仅中文流利，还能用很多方言打招呼。

每到一个地方，他都要先检查空调。如果温度太低，他会要求调高一点——为了节约能源。他随身带着一个特制的小水壶，因为"喝瓶装水的话，一个人每天会消耗 6 瓶的塑料"。

他在圣诞晚会上表演吉他弹唱的原因是他在一次总办开会时迟到了。之前他一直隐藏自己的各种爱好，怕别人觉得自己不务正业。

后来他就甩掉了这些"总办"包袱，从编曲创作到弹吉他，他做了一张音乐专辑《Origin of Species》，还登上了摇滚杂志。

他还在四川搞了一个公益项目，买了很多乐器送给学校的年轻人，想让他们学摇滚，但没能成功，他猜可能是因为中国学生都要高考。

他自掏腰包拍了一部讲水资源危机的纪录片《零水日》（Day Zero），可能哪天你在腾讯视频或者 Netflix 上就能看到。他还拍过其他短片，他是男一号。

如果你在腾讯滨海大厦的电梯里碰到一个眼睛圆圆的老外，问你在负责什么，那很可能就是他。

后 记

我们将如何铭记 2020 年？我们未来几个月所做出的行为或者决策很可能会成为历史书中定义这个时代的符号。

2020 年是奇幻的一年，发生了许多你我都从未预料的事：

一场全球性的病毒大暴发……

为了隔离病毒、保护彼此的生命健康，家人和朋友相互分隔……

国家之间相互封锁……

与此同时，地球上极端气候的肆虐正在警告我们，我们的星球正在发生变化。从火灾到台风、洪水，还有史无前例的全球热浪，你我都能实时感觉到地球已经发生的转变。

地球这样一颗巨大的行星，过去需要经过几个世纪才会进化改变，而现在我们几乎每年都可以直观地感受到它的变化，由此可见，我们正在经历这个行星历史性的一刻。

那么，我们将如何应对这些挑战呢？

我们是否已经具备勇气承认和应对我们面临的挑战？

我们是否会制定解决方案，在保护地球的同时，使我们更安全，并保护我们的健康和自我恢复力？

我们还会继续拖延吗？还是仍然拒绝承认我们所看到的地球正在发生的巨大变化？

随着各种异常气候现象的发生，并且它们发生的频率越来越快，仍然"拒绝行动"意味着人类将会承担更严重的后果。

当我们看到太空中那颗独特的"淡蓝色星球"时，它时刻提醒着我们，要去保护我们正处在危险中的唯一的家园。当科学家在宇宙中寻找与地球相似的智慧生命和"类地"行星时，我们也不断地被提醒着地球是一个多么特殊的行星。

随着人类的生产生活改变了地球的大气层和生态系统，地球的负荷越来越大，现在到了我们提出解决办法的时候了，我们必须维持现代生命和自然之间的微妙平衡。这种平衡经过数百万年和数十亿年的演变，才使现代人类的生活得以实现。而我们现代的生产生活正在打破原来的平衡点。

可以说，人类所面临的任务是众所周知的，甚至是直截了当的，然而实际执行一点也不简单。

我们必须"重新构建"地球上关键的基础设施服务，以满足我们最基本的生活需求，同时保证对地球环境不产生过多的影响。我们的任务包括：

● 在没有碳排放和污染的情况下满足我们的能源需求。

● 通过保护水源、最大限度地减少浪费、转移非必要用途的水、杜绝对关键水源的污染、跨国界合作管理这些资源，确保水资源的安全。

● 推进智能化农业技术，确保用更少的资源生产更多的食物。

● 保证运输无碳化或极少用碳。

● 不断提高自身的健康和安全，在全球范围内监测疾病和病原体的传播，促进一个强有力的全球市场的发展，以应对全球性疾病的暴发。

通过弹性投资，我们既能确保今天的人类拥有更高质量的生活，也为人类未来的可持续发展绘制了蓝图。基本上，随着智能系统日益满足我们的健康和安全需求，我们将在人工智能技术的研究上取得重大进展，用它保卫地球家园。这也就意味着，我们今天所做的决定将远远超出当代人的利益范畴。

就在本书出版之际，2020 年 10 月 9 日，诺贝尔奖委员会宣布将 2020 诺贝尔和平奖授予世界粮食计划署，以表彰该组织在全球，尤其是在武装冲突地区，与饥饿做斗争的努力。此时全球正笼罩在饥荒威胁的阴影中。诺贝尔奖委员会认为，显而易见，目前比以往任何时候都需要寻求多边解决食物问题的方案。尤其是当前，在新型冠状病毒肺炎疫情全球大流行的背景下，全球饥荒受害人数有明显的增加。未来，运用 AI 技术解决全球食物、能源、水危机已经成为大势所趋。

在腾讯，我们与世界各地的许多技术、商业模式、服务合作伙伴和客户合作，你可能使用或体验过我们的一些服务，为此我们深感荣幸。其实乍一看，有时候我们会疑惑：作为腾讯，"我们为什么要这样做？""究竟是什么激励了我们？""对未来我们又有着怎样的梦想或憧憬？"

其实，我们一直受到广大用户的鼓舞，并渴望用科技改善生活。同理心和以用户为本是我们最贴心的"产品"，也是服务决策的基石，这是我们长期以来与我们的产品经理、设计师和整个企业的专业人员一起培养的专业技能。

当我们从更广泛的意义上谈论地球的未来时，我们更多地思考如何应用技术来应对我们最大的挑战。我们认为，最重要的是，不仅要能够开发和支持改善当今人类生活的想法和解决方案，而且要对发现、发展和支持下一套新的突破性想法抱有热情和承诺。今天的创业项目将帮助我们做好迎接明天重大突破的准备。

理解世界即将面临的挑战，还能够进一步激发我们的激情，让我们变得与众不同，成为一股积极向善的力量。

我们称之为"科技向善"。

我一直希望能够有机会将 AI 技术与 FEW 领域所碰撞出的科技与向善的火花呈现给读者，引发大家对目前一些地球级挑战的重视与思考。

本书的写作吸收了不少专业机构与业内人士的思想与观点。在创作过程中有幸得到 FEW 领域各位专家学者的支持。在此，我要感谢中国工程院院士、水文学及水资源学家王浩院士；北京师范大学环境学院副院长张力小教授；国家发展改革委能源研究所研究员肖新建；大自然保护协会北亚区总干事长张醒生；中国水利水电科学研究院水资源所高级工程师王庆明、朱永楠、姜珊；中国农业科学院农业经济与发展研究所研究员张玉梅、副研究员谢玲红等专家学者对本书的大力支持。

另外，我还要感谢我们内部小伙伴对本书的支持与协作，特别感谢腾讯研究院司晓、张钦坤、蔡雄山、张雪琴、刘金松、温博欣、乔婷婷；腾讯企业文化部马永武、梁举、王晓冰、韩适南；腾讯 AI Lab 姚星、王楠、罗迪君；腾讯集团市场与公关部李航、张韩腾、余鸿雁；腾讯集团公共事务部袁民、刘勇、吴姣、赵盛楠；还有我的助理刘钰、杨钟灵等同事。

感谢中国人民大学出版社的曹沁颖女士。

此刻，我期待着继续与你们一起，共同学习，寻找合作伙伴，对世界产生有意义的影响。

我也希望越来越多的人开始关注 FEW 这类地球级话题，关注人类未来面临的挑战，所以建了一个网站（网址：https://few.tencent.com/），这应该是全球首个 FEW 主题的网站，目的是和大家分享全球与 FEW 相关的研究成果。相信这只是一个开始，希望越来越多的人关注并行动起来。

FEW 网站二维码
（欢迎大家扫码关注）

网大为
（David Wallerstein）

参考文献

[1] 李桂君，黄道涵，李玉龙．水 - 能源 - 粮食关联关系：区域可持续发展研究的新视角［J］．中央财经大学学报，2016（12）：76-90.

[2] 张力小，张鹏鹏，郝岩，等．城市食物 - 能源 - 水关联关系：概念框架与研究展望［J］．生态学报，2019，39（4）：1144-1153.

[3] 许绯绯．1934 年——持续长达 3 天的美国"黑风暴"事件［J］．环境导报，2003（17）：20.

[4] 联合国粮食及农业组织，国际农业发展基金，联合国儿童基金会，等．2019 年世界粮食安全和营养状况：防范经济减速和衰退［R］．2019，罗马．

[5] 杨盛琴．美国、以色列等国发展精准农业的模式分析及启示［J］．农业工程技术，2017，37（3）：62-64.

[6] 保尔森．当美国遭遇能源与环境挑战［J］．中国石油石化，2008（8）.

[7] 陈国平，李明节，许涛，等．关于新能源发展的技术瓶颈研究［J］．中国电机工程学报，2017，37（1）：20-27.

[8] 杜祥琬，杨波，刘晓龙，等．中国经济发展与能源消费及碳排放解耦分析［J］．中国人口·资源与环境，2015（12）：1-7.

[9] 韩文科，张有生．能源安全战略［M］．北京：学习出版社，2014.

[10] 景春梅，王成仁．新常态下我国能源发展的战略选择［J］．中国经贸导刊，2016（13）：68-70.

[11] 冷喜武．服务大电网安全和新能源发展服务智能电网运行控制［N］．国家电网报，2013-12-10（1）.

[12] 陆胜利．世界能源问题与中国能源安全研究［D］．北京：中共中央党校，2011.

[13] 李明节，于钊，许涛，等．新能源并网系统引发的复杂振荡问题及其对策研究［J］．电网技术，2017，41（4）：1035-1042.

[14] 刘小丽．日本新国家能源战略及对我国的启示［J］．中国能源，2006（11）：18-22.

[15] 茅于轼．美国政府的环境保护政策［J］．美国研究，1990，（2）：94-111.

[16] 王仲颖，张有生．生态文明建设与能源转型［M］．北京：中国经济出版社，2016.

[17] 舒印彪，张智刚，郭剑波，等．新能源消纳关键因素分析及解决措施研究［J］．中国电机工程学报，2017，37（1）：1-9.

[18] 孙家寿．从日本经济发展进程探讨经济发展与环境保护的关系［J］．环境与可持续发展，1989（4）：4-10.

[19] 童晓光，赵林，汪如朗．对中国石油对外依存度问题的思考［J］．经济与管理研究，2009（1）：60-65.

[20] 肖新建．我国能源革命亟待跨越三大障碍［J］．宏观经济管理，2016

（4）：43-45.

[21] 殷林飞．基于深度强化学习的电力系统智能发电控制［D］．广州：华南理工大学，2018.

[22] 杨岷龙．常见电力输送故障分级维护探讨［J］．现代经济信息，2019（4）：399.

[23] 张剑，孙元章．含有分布式电源的广义负荷建模［J］．电网技术，2011，35（8）：41-46.

[24] 张良壁，E.Willard Miller．美国的能源污染和环境保护［J］．世界环境，1987（2）：13-16.

[25] 魏子任．中国古代的水神崇拜［J］．华夏文化，2002，（2）：31-33.

[26] 王颋．黄河故道考辨［M］．上海：华东理工大学出版社，1995.

[27] 米歇尔·渥克．灰犀牛：如何应对大概率危机［M］．北京：中信出版集团，2017.

[28] 马克·乔克．莱茵河：一部生态传记（1815—2000）［M］．北京：中国环境科学出版社，2011.

[29] 李国强．20世纪70年代到21世纪初期沙特"小麦自给"政策评析［J］．农业考古，2018，160（6）：235-242.

[30] 袁建平，罗建军，岳晓奎，等．卫星导航原理与应用［M］．北京：中国宇航出版社，2000.

[31] 刘健利．人工智能（AI）在国外水行业中的应用和展望［J］．净水技术，2019，38（9）：6-11.

［32］李映坤. 大数据背景下用户画像的统计方法实践研究［D］. 北京：首都经济贸易大学，2016.

［33］李纪人. 中国数字流域［M］. 北京：电子工业出版社，2009.

［34］刘家宏，王光谦，王开. 数字流域研究综述［J］. 水利学报，2006，37（2）：240-246.

［35］水利部黄河水利委员会."数字黄河"工程规划［M］//"数字黄河"工程规划. 郑州：黄河水利出版社，2003.

［36］李国英. 把黄河装进电脑"数字黄河"工程的信息系统与应用［J］. 中国信息界，2003（7）：37-38.

［37］袁隆. 治水六十年［M］. 郑州：黄河水利出版社，2006.

［38］姚汉源. 中国水利史纲要［M］. 北京：水利电力出版社，1987.

［39］FAO. The Water–energy–food nexus: a new approach in support of food security and sustainable agriculture[M]. Food and agriculture organization of the United Nations,Rome,2014.

［40］Hoff H. Understanding the nexus[R]//Background paper for the Bonn 2011 Conference: the water, energy and food security nexus. Bonn: SEI, 2011.

［41］IRENA. Renewable energy in the water,energy & food nexus[R]. Abu Dhabi,2015.

［42］Meadows D H,Meadows D L,Randers J,et al. The limits to growth: a report for the club of Rome's project on the predicament of mankind[M]. 5th ed. New York: Universe Books,1972.

［43］ Zhang P,Zhang L X,Chang Y,et al. Food–energy–water (FEW) nexus for urban sustainability: a comprehensive review[J]. Resources, conservation and recycling,2019,142: 215–224.

［44］ Rosegrant M W,Cai X M,Cline S A. Global water outlook to 2025: averting an impending crisis[J]. New England journal of public policy,2007,21(2): 102–127.

［45］ Dubois O. The state of the world's land and water resources for food and agriculture: managing systems at risk[M]. Earthscan,2011.

［46］ IPBES. Summary of policymakers of the thematic assessment of land degradation and restoration of the intergovernmental science–policy platform on biodiversity and ecosystem services[R]. Medellin,2018.

［47］ Agrios. Plant pathology[M] . 5th ed. Elsevier Academic Press,2005.

［48］ Alexandratos N,Bruinsma J. World agriculture towards 2030/2050: the 2012 revision[J]. 2012.

［49］ Bradshaw C J A,Leroy B,Bellard,Céline,et al. Massive yet grossly underestimated global costs of invasive insects[J]. Nature communications,2016,7: 12986.

［50］ Cheung W W L,Lam V W Y,Sarmiento J L,et al. Large—scale redistribution of maximum fisheries catch potential in the global ocean under climate change[J]. Global change biology,2010,16(1): 24–35.

［51］ Craig Hanson,Brian Lipinski,Johannes Friedrich,et al. What's food loss and waste got to do with climate change ？ A lot, actually[J]. World re-sources institute, 2015(12).

[52] Chris Vogliano, MS, RD, et al. The state of America's wasted food & op-portunities to make a difference[J]. Journal of the academy of nutrition and dietetics, 2016, 116(7): 1199–1207.

[53] FAO. Food wastage footprint & climate change[R]. Rome: 2015. http: // www. fao. org/3/a–bb144e. pdf.

[54] FAO. The state of food and agriculture 2019[R/OL]. http: //www. fao. org/ family–farming/detail/en/c/1245425/.

[55] David S. Farm profits and adoption of precision agriculture[J/OL]. Eco-nomic research report, 2016(10). https: //www. researchgate. net/profile/ David_Schimmelpfennig/publication/309565269_Farm_Profits_and_ Adoption_of_Precision_Agriculture/links/5817919b08aedc7d89690119. pdf.

[56] DTI. The government's energy white paper: our energy future – creating a low carbon economy[R/OL]. http://www. tso. co. uk/bookshop. 2003.

[57] European Commission. Energy roadmap 2050[R/OL]. Brussels. http: // www. roadmap2050. eu/.

[58] Lizondo D, Rodriguez S, Will A, et al. An artificial immune network for dis-tributed demand–side management in smart grids[J]. Information scienc-es, 2018, 438: 32–45.

[59] Ren S Q,He K M,Girshick R B. Faster R–CNN: towards real–timeobject detection with region proposal networks[J]. IEEE transactionspattern anal mach intell,2015,39(6): 1137–1149.

[60] Santo k G D,Santo S G D,Monaro R M,et al. Active demand side management for households in smart grids using optimization and artificial intelligence[J]. Measurement,2017,115.

[61] UN world water development report 2020: water and climate change[M]. 2020.

[62] UN world water development report 2019: leaving no one behind[M]. 2019.

[63] Chau K. A review on integration of artificial intelligence into water quality modelling[J]. Marine pollution bulletin, 2006, 52(7): 726-733.

[64] Adamowski J,Fung C H,Prasher S O,et al. Comparison of multiple linear and nonlinear regression, autoregressive integrated moving average, artificial neural network, and wavelet artificial neural network methods for urban water demand forecasting in Montreal, Canada [J]. Water resources research,2012,48(1):1528-1541.

[65] Lauren B. Machine learning and artificial intelligence increase Melbourne Water's efficiency[EB/OL]. (2018-06-22). https://utilitymagazine. com. au/ machine-learning-and-artificial-intelligence-increase-melbourne-waters-efficiency/.

[66] Thea C. AI and machine learning are flowing into the water industry:in-novation,featured news of Australia water[EB/OL]. (2019-03-25). https://watersource. awa. asn. au/technology/innovation/ai-and-machine-learning-are-flowing-into-the-water-industry/.

[67] AI in water: 10 ways AI is changing the water industry[EB/OL]. https://www. innovyze. com/en-us/blog/ai-in-water-10-ways-ai-is-changing-the-water-industry.

[68] University of Waterloo. AI could help cities detect expensive water leaks[EB/OL]. (2018-11-28). https://www. sciencedaily. com/releases/2018/11/181128082646. htm.

[69] Artificial intelligence and global challenges - clean water and sanitation[EB/OL]. https://medium. com/daia/artificial-intelligence-and-global-challenges-a-plan-for-progress-39b69df9cba3.

[70] Jenny H, Alonso E G, Wang Y, et al. Using artificial intelligence for smart water management systems[EB/OL]. https://www. adb. org/sites/default/files/publication/614891/artificial-intelligence-smart-water-manage-ment-systems. pdf.

[71] Hill T. How artificial intelligence is reshaping the water sector[EB/OL]. https://waterfm. com/artificial-intelligence-reshaping-water-sector/.

图书在版编目（CIP）数据

重构地球：AI FOR FEW/（美）网大为著 . —北京：
中国人民大学出版社，2021.1
ISBN 978-7-300-28780-5

Ⅰ.①重… Ⅱ.①网… Ⅲ.①人工智能 Ⅳ.
①TP18

中国版本图书馆 CIP 数据核字（2020）第 226504 号

重构地球
AI FOR FEW
［美］网大为（David Wallerstein）　著
Chonggou Diqiu

出版发行	中国人民大学出版社			
社　　址	北京中关村大街 31 号		**邮政编码**	100080
电　　话	010 - 62511242（总编室）		010 - 62511770（质管部）	
	010 - 82501766（邮购部）		010 - 62514148（门市部）	
	010 - 62515195（发行公司）		010 - 62515275（盗版举报）	
网　　址	http:// www. crup. com. cn			
经　　销	新华书店			
印　　刷	北京联兴盛业印刷股份有限公司			
规　　格	148 mm × 210 mm　32 开本		**版　　次**	2021 年 1 月第 1 版
印　　张	8.75　插页 2		**印　　次**	2021 年 1 月第 2 次印刷
字　　数	165 000		**定　　价**	89.00 元

人工智能

腾讯研究院 中国信通院互联网法律中心 著

腾讯 AI Lab 腾讯开放平台

腾讯一流团队与工信部高端智库倾力创作

中国出版协会精品阅读年度好书

中国社会科学网年度好书

《人工智能》一书由腾讯一流团队与工信部高端智库倾力创作。本书从人工智能这一颠覆性技术的前世今生说起，对人工智能产业全貌、最新进展、发展趋势进行了清晰的梳理，对各国的竞争态势做了深入研究，还对人工智能给个人、企业、社会带来的机遇与挑战进行了深入分析。对于想全面了解人工智能的读者，本书提供了重要参考，是一本必备书籍。